単元攻略
場合の数・確率
解法のパターン30

東進ハイスクール・河合塾
松田聡平 ——— 著
Matsuda Sohei

技術評論社

目　次

はじめに …………………………… 4
本書の使い方 ……………………… 5

例題 …………………………… 6

§1　集合と場合の数 …………… 27
- 例題 1-1　集合と要素 …………… 28
- 例題 1-2　場合の数の計算 ……… 30
- 例題 1-3　辞書式配列 …………… 32

§2　順列① …………………… 35
- 例題 2-1　図形と場合の数 ……… 36
- 例題 2-2　同じものを含む順列 … 38
- 例題 2-3　経路数 ………………… 40

§3　順列② …………………… 43
- 例題 3-1　隣り合う・隣り合わない … 44
- 例題 3-2　円順列 ………………… 46
- 例題 3-3　重複順列 ……………… 48

§4　組合せ① …………………… 51
- 例題 4-1　組合せ ………………… 52
- 例題 4-2　組分け ………………… 54
- 例題 4-3　重複組合せ …………… 56

§5　組合せ② …………………… 59
- 例題 5-1　固定して考える ……… 60
- 例題 5-2#　Cの性質 ……………… 62
- 例題 5-3#　場合の数漸化式 …… 64

§6　確率① ……………………… 67
- 例題 6-1　場合の数と確率① …… 68
- 例題 6-2　場合の数と確率② …… 70
- 例題 6-3　場合の数と確率③ …… 72

§7　確率② ……………………… 75
- 例題 7-1　同値に言い換える …… 76
- 例題 7-2　確率の乗法定理① …… 78
- 例題 7-3　確率の乗法定理② …… 80

§8　確率③ ……………………… 83
- 例題 8-1　反復試行① …………… 84
- 例題 8-2　反復試行② …………… 86
- 例題 8-3　条件付き確率 ………… 88

§9　確率④ ……………………… 91
- 例題 9-1　集合の利用① ………… 92
- 例題 9-2　集合の利用② ………… 94
- 例題 9-3　特殊な確率計算 ……… 96

§10　確率⑤ …………………… 99
- 例題 10-1　確率の最大 ………… 100
- 例題 10-2　視覚化する ………… 102
- 例題 10-3#　確率漸化式 ……… 104

発展演習 ……………………… 107
著者プロフィール …………… 112

はじめに

　本書のタイトル『解法のパターン 30』に対して，もしかしたら皆さんの身近の数学教師はこう言うかも知れません．

「数学はパターンじゃダメなんだよ！パターン覚えさせる参考書なんてダメだ！」

　実は，松田も昔，教室で同じようなことを言っていたことがありました．もっと言うと，今でも正直そう思ってもいます．では，なぜこういうタイトルにしたのか．その理由となったのは，**「解法の〈型〉を知らないために，非常に損をしている高校生が多すぎる」**という嘆かわしい実情です．また，その実情に対して鈍感な大人が多いことも事実です．

　分厚い辞書のような問題集を，1 ページ目から何十時間もかけて解き進めても，数学力が上がらなかった経験はありませんか？問題がズラッと並んでいて，解答は巻末に 1 行だけのような問題集を修行僧並みの忍耐力で解いていっても全く得点につながらなかった，という経験はありませんか？挙句の果てには，それを自分の「数学の才能の無さ」のせいにしている人はいませんか？

　本書を通して学んでほしいことは，
最低限の**「型（解法知識）」**と，その上に成り立つ**「運用（思考力）」**です．
　そのために必要となる問題を汎用性・普遍性・応用性を意識して厳選しました．

　少数の解法原理から多くの問題を解けるようになることが，受験数学という"小さな数学"の世界での最終目標です．学問としての数学は，きっとそれだけではないと思います．ただ，皆さんのとりあえずの"敵"は受験数学です．

　皆さんが，本書を十分に活用して，今の"敵"を未来の"味方"にしてくれることを心から願っています！

　　2015 年 7 月

東進ハイスクール・河合塾　数学講師

松田 聡平

本書の使い方

例題 ：解法のパターンの典型となるような問題
演習 ：例題の類題となるような入試問題
発展演習 ：難関大入試問題（§1→[1], §2→[2] … と対応）
\# ：数学ⅠA範囲外の内容を扱っています．
　　（教育的価値に配慮して，入試問題は改題していることがあります．）

例えば§1ならば，1ページ目（p.27）で，基本事項を確認し，

① 問題のページ（p.6）で **例題 1-1** を解く．〈目安：1問あたり10〜15分〉
↓ （困ったときは解答ページのヒントだけを見てもよい）
② **例題 1-1** （p.28〜29）の解答を見て自己採点する．
↓ そして解答を理解する．
③ 別解や **解法のポイント** 〈注釈・発展事項〉も理解する．
↓
④ **演習 1-1** を解く．〈目安：1問あたり10〜15分〉

これを繰り返し， **演習 10-3#** まで終わったら，ぜひ **発展演習 1** 〜 **10** 〈目安：1問あたり20〜25分〉に挑戦してください．

◇　　◇　　◇

全問解き終わった後は， **解法のフロー** を活用して復習してください．また，本書を日常的に携帯して，高校・予備校・塾での授業中もぜひ参照してみてください．非常に効率よく，多面的に理解が深まるはずです．

5

§1 集合と場合の数

例題 1-1 集合と要素

50人の生徒に対して，数学，英語，国語のテストを行った．60点以上を合格としたところ，数学の合格者は30人，英語の合格者は27人，国語の合格者は33人であり，数学と英語の両方に合格した者は10人，英語と国語の両方に合格した者は18人，国語と数学の両方に合格した者は15人であった．このとき，数学には合格したが，英語と国語は不合格であった者の人数を求めよ．ただし，3科目とも不合格であった者はいないものとする．

（立教大）

例題 1-2 場合の数の計算

右の図で，A，B，C，Dの境目がはっきりするように，赤，青，黄，白の4色の絵の具で塗り分ける．同じ色を2回使ってもよいが，隣り合う部分は異なる色になるようにすると，全部で何通りの塗り分け方があるか．

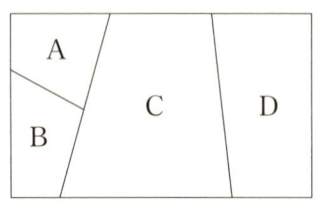

（立命館大）

例題 1-3 辞書式配列

C, O, M, P, U, T, E の 7 文字を全部使ってできる文字列を，アルファベット順の辞書式に並べる．
(1) 最初の文字列は何か．また，全部で何通りの文字列があるか．
(2) COMPUTE は何番目にあるか．
(3) 200 番目の文字列は何か．

§2 順列①

例題 2-1 図形と場合の数

Ⅰ 平面上に5本の平行線とこれらに直交する6本の平行線がある．これらの平行線で囲まれる長方形はいくつあるか． (中央大)

Ⅱ 円周を12等分する頂点を順に P_1, P_2, $\cdots$, P_{12} とする．これらから3点選び三角形を作る．
(1) 三角形は何個あるか．
(2) 正三角形は何個あるか．
(3) 二等辺三角形は何個あるか．

例題 2-2 同じものを含む順列

A，A，A，B，B，C，D を並べる．
(1) 1列に並べるとき，並べ方は何通りか．
(2) Bが両端に来るような並べ方は何通りか．
(3) DがいずれのBよりも左に来ないような並べ方は何通りか．
(4) CとDを更に1個ずつ追加する．そのとき，左右対称となるような並べ方は何通りか．

例題 2-3 経路数

右の図のような街路があり，地点 A から地点 B まで遠回りしないで行くものとする．次のような道順は何通りあるか．

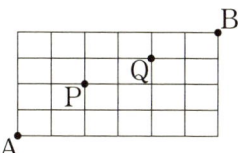

(1) A から B まで行く道順
(2) P と Q を通って行く道順
(3) P を通って Q を通らずに行く道順
(4) P と Q のどちらも通らずに行く道順

（東京理科大）

§3 順列②

例題 3-1 隣り合う・隣り合わない

男子4人，女子2人の6人を1列に並べる．
(1) 並べ方は全部で何通りあるか．
(2) 女子2人が隣り合う並べ方は何通りあるか．
(3) 女子が隣り合わない並べ方は何通りあるか．

例題 3-2 円順列

(1) 6人を円形に並べる場合の数は何通りあるか．
(2) 6個の異なるビーズでネックレスを作る．ネックレスの作り方は何通りあるか．
(3) 男子2人，女子4人が円形に並ぶ．男子が向かい合うように座るとき，その並び方は何通りあるか．
(4) 男子4人，女子4人が円形に並ぶ．特定の男子A君の両隣りは男子であるような並び方は何通りあるか．

例題 3-3 重複順列

Ⅰ　A, B, C 3種類から重複許して, n 個取って並べる場合の数を求めよ.

Ⅱ　n 人が A, B, C の 3 部屋に分かれるとき,
(1)　空き部屋ができてもよいとき, 分け方は何通りあるか.
(2)　空き部屋ができてはいけないとき, 分け方は何通りあるか.

§4 組合せ①

例題 4-1 組合せ

4人の男子と3人の女子がいる．ここから4人選んでグループを作る．
(1) 4人選ぶ場合の数を求めよ．
(2) 男子2人，女子2人となる場合の数を求めよ．
(3) 男子A君と女子Bさん共に含む場合の数を求めよ．
(4)男子A君あるいは女子Bさんを含む場合の数を求めよ．

例題 4-2 組分け

6人をいくつかの組に分ける．
(1) 3人ずつA，Bの2組に分けるとき，分け方は全部で何通りか．
(2) 2人ずつA，B，Cの3組に分けるとき，分け方は全部で何通りか．
(3) 3人ずつ2組に分けるとき，分け方は全部で何通りか．
(4) 2人，2人，2人の3組に分けるとき，分け方は全部で何通りか．
(5) 1人，2人，3人の3組に分けるとき，分け方は全部で何通りか．
(6) 1人，1人，4人の3組に分けるとき，分け方は全部で何通りか．

例題 4-3 重複組合せ

Ⅰ　赤，青，黄の3種類のカードがたくさんある．重複を許して5枚選ぶとき，その組合せは何通りあるか．選ばない色があってもよいとする．

Ⅱ　リンゴ，柿，みかん，梨の4種類から重複許して10個選ぶとき，その組合せは何通りあるか．ただし，どの果物も少なくとも1個は含むとする．

Ⅲ　$x+y+z=24$ を満たす0以上の整数の組 (x, y, z) は何組あるか．

(慶應義塾大)

§5　組合せ②

例題 5-1 固定して考える

立方体の各面に，隣り合った面の色は異なるように，色を塗りたい．ただし，立方体を回転させて一致する塗り方は同じとみなす．
(1)　異なる6色をすべて使って塗る方法は何通りあるか．
(2)　異なる5色をすべて使って塗る方法は何通りあるか．
(3)　異なる4色をすべて使って塗る方法は何通りあるか．　　　　（琉球大）

例題 5-2# Cの性質

n を自然数，k を 0 以上 n 以下の整数とするとき，
(1)　${}_n C_k = {}_{n-1} C_{k-1} + {}_{n-1} C_k$ を示せ．
(2)　$\displaystyle\sum_{k=0}^{n} {}_n C_k = 2^n$ を示せ．
(3)　$k \cdot {}_n C_k = n \cdot {}_{n-1} C_{k-1}$ を示せ．

例題 5-3# 場合の数漸化式

1歩で1段または2段のいずれかで階段を昇るとき，1歩で2段昇ることは連続しないものとする．

10段の階段を昇る昇り方は何通りあるか． （京都大）

§6 確率①

例題 6-1 場合の数と確率①

赤球5個，白球4個，青球3個が入っている袋から，よくかき混ぜて球を同時に3個取り出す．
(1) 3個とも赤球である確率を求めよ．
(2) 3個とも色が異なる確率を求めよ．
(3) 3個の球の色が2種類である確率を求めよ．

例題 6-2 場合の数と確率②

3個のサイコロを同時に投げるとき，次の確率を求めよ．
(1) 出た目の数の和が10である確率．
(2) 出た目の数の和が偶数である確率．
(3) 偶数の目が少なくとも1つ出る確率． 　　　　　　　（滋賀医科大）

例題 6-3 場合の数と確率③

n を 3 以上の整数とする．n 人がじゃんけんを 1 回行うとき，次の確率を求めよ．
(1) 1 人が勝つ確率．
(2) 2 人が勝つ確率．
(3) あいこになる確率． (明治大)

§7　確率②

例題 7-1 同値に言い換える

サイコロを n 個同時に投げるとき，出た目の数の和が $n+2$ になる確率を求めよ．ただし，n は 3 以上の整数とする． 　　　　（京都大）

例題 7-2 確率の乗法定理①

3 名の受験生 A, B, C がいて，おのおのの志望校に合格する確率を，それぞれ $\frac{4}{5}$, $\frac{3}{4}$, $\frac{2}{3}$ とする．
(1)　3 名とも合格する確率を求めよ．
(2)　2 名だけ合格する確率を求めよ．
(3)　少なくとも 1 名が合格する確率を求めよ． 　　　　（近畿大）

例題 7-3 確率の乗法定理②

1つのサイコロを4回投げ，出た目の数を順に x, y, z, w とする．このとき，

(1) $(x-y)(y-z)(z-w) \neq 0$ となる確率を求めよ．

(2) $(x-y)(y-z)(z-w)(w-x) = 0$ となる確率を求めよ． （早稲田大）

§8 確率③

例題 8-1 反復試行①

AとBがゲームの対戦を行い，先に4勝した方を優勝として，ゲームを終了する．ただし，1回の対戦でAがBに勝つ確率は $\dfrac{2}{3}$ であり，このゲームに引き分けはないものとする．
(1) 4試合目でAが優勝する確率を求めよ．
(2) 5試合目でAが優勝する確率を求めよ．
(3) Aが優勝する確率を求めよ．

例題 8-2 反復試行②

ある花の1個の球根が1年後に3個，2個，1個，0個（消滅）になる確率はそれぞれ $\dfrac{3}{10}$, $\dfrac{2}{5}$, $\dfrac{1}{5}$, $\dfrac{1}{10}$ であるとする．1個の球根が2年後に2個になっている確率を求めよ． 　　　　　　　　　　（早稲田大）

例題 8-3 条件付き確率

3つのサイコロを同時に投げたとき，すべて異なる目が出る事象をA，3つのサイコロのうち少なくとも1つは1の目である事象をBとする．
(1) 事象Aが起こる確率を求めよ．
(2) 事象Bが起こる確率を求めよ．
(3) 事象Aと事象Bが同時に起こる確率を求めよ．
(4) 事象Bが起こったときの事象Aの起こる条件付き確率を求めよ．

(東京理科大)

§9 確率④

例題 9-1 集合の利用①

n を 2 以上の自然数とする．n 個のサイコロを同時に投げるとき，次の確率を求めよ．
(1) 少なくとも 1 個は 1 の目が出る確率．
(2) 出る目の最小値が 2 である確率．
(3) 出る目の最小値が 2 かつ最大値が 5 である確率． （滋賀大）

例題 9-2 集合の利用②

1 から 9 までの番号を付けた 9 枚のカードがある．この中から無作為に 4 枚のカードを同時に取り出し，カードに書かれた 4 つの番号の積を X とおく．
(1) X が 5 の倍数になる確率を求めよ．
(2) X が 10 の倍数になる確率を求めよ．
(3) X が 6 の倍数になる確率を求めよ． （千葉大）

例題 9-3 特殊な確率計算

　A，B，Cの3人が次のように勝負を繰り返す．1回目にはAとBの間で硬貨投げにより勝敗を決める．2回目以降には，直前の回の勝者と参加しなかった残りの1人との間で，やはり硬貨投げにより勝敗を決める．この勝負を繰り返し，誰かが2連勝すると優勝とする．1回目にAが勝ったとき，Aが優勝する確率を求めよ．　　　　（北海道大）

§10 確率⑤

例題 10-1 確率の最大最小

サイコロを 100 回振るとき，1 の目がちょうど k 回出る確率を p_k とする．

(1) 比 $\dfrac{p_{k+1}}{p_k}$ の値を k の式で表せ．ただし，$1 \leq k \leq 99$ とする．

(2) p_k が最大となる k の値を求めよ．

例題 10-2 視覚化する

数直線上を点 P が 1 ステップごとに，+1 または -1 だけそれぞれ $\dfrac{1}{2}$ の確率で移動する．数直線上の値が 3 の点を A として，P が A にたどり着くと停止する．

(1) P が原点 O から出発して，ちょうど 5 ステップで A にたどり着く確率を求めよ．

(2) P が原点 O から出発して，ちょうど 6 ステップで値が 2 の点 B にたどり着く確率を求めよ．

(東北大)

例題 10-3# 確率漸化式

サイコロを n 回投げたとき 1 の目が偶数回出る確率を p_n とする．ただし 1 の目が全く出なかった場合は偶数回出たと考えることにする．
(1) p_1 を求めよ．
(2) p_{n+1}, p_n の間に $p_{n+1} = \dfrac{5}{6} p_n + \dfrac{1}{6}(1-p_n)$ という関係があることを示せ．
(3) p_n ($n = 1, 2, 3, \cdots\cdots$) を求めよ． (一橋大)

§1 集合と場合の数

■ **集合の演算**

・共通部分 $A \cap B$

2つの集合 A, B どちらにも属する要素全体の集合.

・和集合 $A \cup B$

2つの集合 A, B の少なくとも1つに属する要素全体の集合.

・補集合 $\overline{A}$

集合 A に対して, A に属さない要素全体の集合.

・ド・モルガンの法則

$\overline{A \cup B} = \overline{A} \cap \overline{B}$ $\overline{A \cap B} = \overline{A} \cup \overline{B}$

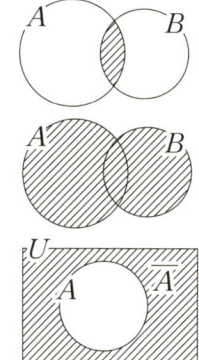

ex $U = \{n \mid n は 9 以下の自然数\}$,

$A = \{2, 4, 6, 8\}$, $B = \{1, 3, 4, 6, 9\}$, $C = \{2, 3, 4, 5\}$

$\overline{B} \cap (\overline{A} \cup \overline{C})$ の要素を求めよ.   → $\{5, 7, 8\}$

■ **場合の数の数え方**

場合の数の数え方には,

「樹形図」

「辞書式数え上げ」

「P, C を用いた計算 (§2 〜 §5)」

などがある.

ex $1, 2, 3, 4$ を1列に並べた順列のうちで, k 番目が k でないものの個数

→ 1番目が2のとき $2 \begin{cases} 1-4-3 \\ 3-4-1 \\ 4-1-3 \end{cases}$. 1番目が, 3, 4のときも考えて,

$3 \times 3 = 9$ (個)

例題 1-1 集合と要素

50人の生徒に対して，数学，英語，国語のテストを行った．60点以上を合格としたところ，数学の合格者は30人，英語の合格者は27人，国語の合格者は33人であり，数学と英語の両方に合格した者は10人，英語と国語の両方に合格した者は18人，国語と数学の両方に合格した者は15人であった．このとき，数学には合格したが，英語と国語は不合格であった者の人数を求めよ．ただし，3科目とも不合格であった者はいないものとする． （立教大）

● ヒント　集合の要素数に関する問題　→　できるかぎりベン図を描いて考えよう．

▶解答◀

A：数学に合格した者
B：英語に合格した者
C：国語に合格した者

と集合を設定する．

$n(A) = 30$, $n(B) = 27$, $n(C) = 33$,
$n(A \cap B) = 10$,
$n(B \cap C) = 18$,
$n(C \cap A) = 15$,
$n(A \cup B \cup C) = 50$
$n(A \cup B \cup C) = n(A) + n(B) + n(C)$
$\qquad - n(A \cap B) - n(B \cap C) - n(C \cap A) + n(A \cap B \cap C)$

であるから

$n(A \cap B \cap C) = 50 - 30 - 27 - 33 + 10 + 18 + 15 = 3$

「数学には合格したが，英語と国語は不合格」は $A \cap \overline{B} \cap \overline{C}$ であるから，

∴ $n(A \cap \overline{B} \cap \overline{C})$
$\quad = n(A) - n(A \cap B) - n(A \cap C) + n(A \cap B \cap C)$ …①
$\quad = 30 - 10 - 15 + 3 = 8$（人）

解法のポイント

● 1

集合の要素数の問題は，**ベン図を描いて**考えるとよい．

● 2

集合の要素の計算は，**補集合やド・モルガンの法則**などを考えて，なるべく要領よく実行する．①は図形の足し算，引き算を考えるとよい．

● 3

集合の演算
- $n(A \cup B) = n(A) + n(B) - n(A \cap B)$
- $n(A \cup B \cup C) = n(A) + n(B) + n(C) - n(A \cap B) - n(B \cap C) - n(C \cap A) + n(A \cap B \cap C)$

解法のフロー

集合の要素に関する問題 ▶ **ベン図を描いて個数を書き込む** ▶ **必要に応じて集合の演算を用いる**

演習 1-1

200 から 800 までの整数のうち，8 の倍数全体の集合を A，12 の倍数全体の集合を B，15 の倍数全体の集合を C とする．

(1) $n(A) = {}^{ア}\boxed{}$，$n(B) = {}^{イ}\boxed{}$，$n(C) = {}^{ウ}\boxed{}$ である．
(2) $n(A \cap B) = {}^{エ}\boxed{}$，$n(B \cap C) = {}^{オ}\boxed{}$，$n(C \cap A) = {}^{カ}\boxed{}$ である．
(3) $n(A \cup B \cup C) = {}^{キ}\boxed{}$ である．

例題 1-2 場合の数の計算

右の図で，A，B，C，D の境目がはっきりするように，赤，青，黄，白の4色の絵の具で塗り分ける．同じ色を2回使ってもよいが，隣り合う部分は異なる色になるようにすると，全部で何通りの塗り分け方があるか．

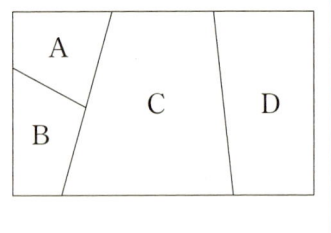

（立命館大）

● ヒント　塗り分けの問題　→　どの順に塗るかを決めてから，場合の数を**掛け**ていこう．

── ▶ 解答 1 ◀ ──

C の塗り方は 4（通り）
A，B の塗り方は $3 \times 2 = 6$（通り）
D の塗り方は 3（通り）
∴　求める塗り方は $4 \times 6 \times 3 = 72$（通り）

── ▶ 解答 2 ◀ ──

（ⅰ）4色で塗り分けるとき，
ABCD の順に塗り方を考えて，$4 \times 3 \times 2 \times 1 = 24$（通り）　…①
（ⅱ）3色で塗り分けるとき
C に塗る色の選び方は 4（通り）
残る 2 色の選び方は，どの色を使わないかを考えて，3（通り）
選んだ 2 色を A，B に塗る方法は $2 \times 1 = 2$（通り）
D に塗る色は，A または B と同色なので 2 通り
∴　$4 \times 3 \times 2 \times 2 = 48$（通り）
（ⅰ），（ⅱ）から
求める塗り方は，$24 + 48 = 72$（通り）

解法のポイント

● 1

▶解答1◀は，C→A→B→Dの順で場合の数を掛けていっている．

残り3つすべてに隣り合っているCから考えることで，計算しやすくしている．

● 2

▶解答2◀は，何色使うかで場合分けして考えている．

複雑な問題は，このように場合分けして細分化するとよい．

● 3

①は，順列を用いて $_4P_4 = 4! = 24$ として計算してもよい．

解法のフロー

塗り分けの問題 ▷ 塗る順番を決める ▷ 順番に場合の数をかけていく

演習 1-2

図のように4つの領域を塗り分けた旗を作る場合，以下の問いに答えよ．

ただし，絵の具どうしを混ぜないこととする．

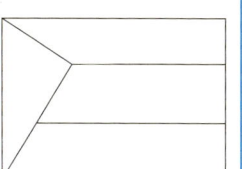

(1) 異なる4色の絵の具すべてを使い，すべての領域を異なる色で塗り分ける場合は何通りか．

(2) 異なる4色の絵の具のうち，何色かを使い，隣り合う領域を異なる色で塗り分ける場合は何通りか．

(3) 異なる6色の絵の具のうち何色かを使い，隣り合う領域を異なる色で塗り分ける場合は何通りか．

例題 1-3 辞書式配列

C，O，M，P，U，T，E の 7 文字を全部使ってできる文字列を，アルファベット順の辞書式に並べる．
(1) 最初の文字列は何か．また，全部で何通りの文字列があるか．
(2) COMPUTE は何番目にあるか．
(3) 200 番目の文字列は何か．

● ヒント　辞書式配列　→　「CE □□□□□ の形の文字列は〜個」というように小刻みに**数えて足していく**．

── ▶ 解答 ◀ ──

(1) 最初の文字列は　　　CEMOPTU
　　文字列の総数は　　　$7 \times 6 \times 5 \times 4 \times 3 \times 2 \times 1 = 5040$（通り）

(2) CE □□□□□　　…　$5 \times 4 \times 3 \times 2 \times 1 = 120$（個）
　　CM □□□□□　　…　120 個
　　COE □□□□　　…　$4 \times 3 \times 2 \times 1 = 24$（個）
　　COME □□□　　…　$3 \times 2 \times 1 = 6$（個）
　　その後は，
COMPETU，COMPEUT，COMPTEU，COMPTUE，COMPUET，COMPUTE と続く．
　　∴　COMPUTE は $120 + 120 + 24 + 6 + 6 = 276$（番目）

(3) CE □□□□□，CM □□□□□ の形の文字列は，それぞれ 120 個ずつあるから，200 番目の文字列は CM □□□□□ の形の文字列の 80 番目．
　　CME □□□□，CMO □□□□，CMP □□□□，CMT □□□□ の形の文字列は，それぞれ 24 個ずつあるから，200 番目の文字列は CMT □□□□ の形の文字列の 8 番目である．
　　CMTE △△△ の形の文字列は 6 個ある．
　　その後は，CMTOEPU，CMTOEUP の順に続く．
　　∴　200 番目の文字列は CMTOEUP

解法のポイント

● 1

辞書式配列の問題は，小刻みに**数え上げ**ていく．

● 2

CE□□□□も CM□□□□も同じ形なので，再度計算しなくても同じ120個である．

● 3

(3)は以下のように刻んでいって計算している．

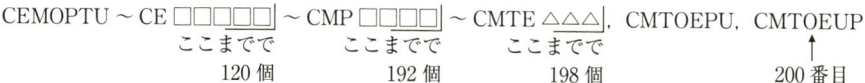

CEMOPTU ～ CE□□□□ ～ CMP□□□□ ～ CMTE△△△, CMTOEPU, CMTOEUP
　　　　　　ここまでで　　　　ここまでで　　　　ここまでで　　　　　　　　　↑
　　　　　　120個　　　　　　192個　　　　　　198個　　　　　　　　　200番目

解法のフロー

辞書式配列の問題
→まず辞書式に並べる
 ▷ **大きなかたまり**から考える
 ▷ 個数を**小刻みに足していく**

演習 1-3

a, b, c, d, e の 5 文字を並べたものを，アルファベット順に，1 番目 abcde, 2 番目 abced, ……, 120 番目 edcba と番号を付ける．

(1) cbeda は何番目か．
(2) 40 番目は何か．

Memo

§2 順列①

■ 順列

異なる n 個から r 個選んで並べる場合の数は,

$$_n\mathrm{P}_r = n(n-1)(n-2)\cdots(n-r+1) \text{ 通り}$$

ex $a,\ b,\ c,\ d,\ e$ から3文字選んで並べる場合の数.　→　$_5\mathrm{P}_3 = 60$ 通り

■ 同じものを含む順列

n 個のうち, p 個同じ, q 個同じ, r 個同じ, …であるとき, 1列に並べる場合の数は,

$$\frac{n!}{p!q!r!\cdots} \text{ 通り} \quad (p+q+r+\cdots = n)$$

＊　分母の $p!q!r!\cdots$ は重複数である

ex $a,\ a,\ a,\ b,\ b$ を1列に並べる場合の数.　→　$\dfrac{5!}{3!2!} = 10$ 通り

例題 2-1 図形と場合の数

Ⅰ　平面上に5本の平行線とこれらに直交する6本の平行線がある．これらの平行線で囲まれる長方形はいくつあるか． 　　　　（中央大）

Ⅱ　円周を12等分する頂点を順に P_1, P_2, …, P_{12} とする．これらから3点選び三角形を作る．
(1) 三角形は何個あるか．
(2) 正三角形は何個あるか．
(3) 二等辺三角形は何個あるか．

● ヒント　Ⅰ　長方形の作り方　→　**タテ2本　ヨコ2本**の選び方を考えていこう．
　　　　　Ⅱ　三角形の作り方　→　頂点になる**3点**の選び方を考えていこう．

──▶ 解答 ◀──

Ⅰ
5本の平行線から2本の選び方は，$_5C_2 = 10$（通り）
6本の平行線から2本の選び方は，$_6C_2 = 15$（通り）
をそれぞれ選ぶと長方形ができる．

∴　求める個数は　$10 \cdot 15 = 150$（個）

Ⅱ
(1)　3点の選び方を考えて，$_{12}C_3 = 220$（個）

(2)　正三角形は，1点を決めると残り2点は1通りに決まる．
　　△ABCを回して考えていくと，各点がA，B，Cになるときがあるので，3で割って，$12 \div 3 = 4$（個）

(3)　二等辺が伸びる頂点Aを固定すると，残り2点の選び方は5通り．
　　点Aがどの点になるかを考えて，12通り．
　　　∴　$5 \cdot 12 = 60$（個）
ただし，正三角形は3重に数えられているので，　…①
　　$60 - 4 \times 2 = 52$
　　　∴　二等辺三角形の個数は　52（個）

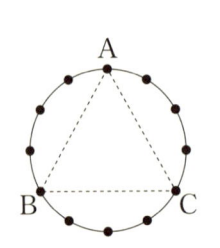

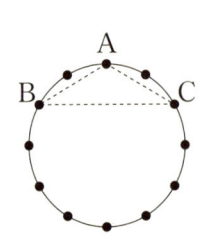

解法のポイント

● 1

図形に関する場合の数の問題は，**必ず図を描いてから考える**．

● 2

Ⅱ(2)は**重複数** 3 で割って考えている．

● 3

Ⅱ(3)①は，たとえば，

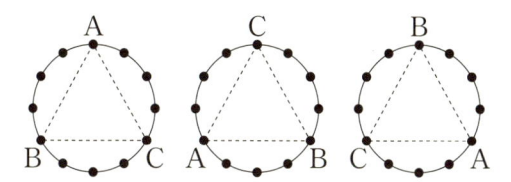

のように正三角形を 3 重に数えてしまっていることに注意している．

解法のフロー

図形と場合の数の問題 ▶ 条件を満たす図形を考える ▶ 重複に注意して計算する

演習 2-1

Ⅰ 右図の中の平行線によって作られる正方形でない長方形の個数を求めよ．

Ⅱ 正 n 角形の 3 つの頂点を結んでできる 3 角形のうち，この正 n 角形と辺を共有しないものの個数が $7n$ であるという．n の値を求めよ．

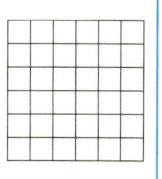

(関西大)

例題 2-2 同じものを含む順列

A, A, A, B, B, C, D を並べる．
(1) 1列に並べるとき，並べ方は何通りか．
(2) Bが両端に来るような並べ方は何通りか．
(3) Dがいずれのbよりも左に来ないような並べ方は何通りか．
(4) CとDを更に1個ずつ追加する．そのとき，左右対称となるような並べ方は何通りか．

● ヒント　順列の問題→「**固定する**」「**後入れ**」などの工夫をした上で，Pや「同じものを含む順列」の公式を用いて考えよう！

—▶ 解答 ◀—

(1) 同じものを含む順列を考えて，$\dfrac{7!}{3!2!}=420$（通り）

(2) B□□□□BにおけるB□□□□にA, A, A, C, Dを並べることを考えて，$\dfrac{5!}{3!}=20$（通り）

(3) B, B, Dが入る場所を○として，

　　A, A, A, C, ○, ○, ○

を並べる順列を考えると，$\dfrac{7!}{3!3!}=140$（通り）

3つの○には，必ず左からB, B, Dの順に入るので1（通り）

∴　140通り．

(4) A, A, A, B, B, C, C, D, Dの9個を並べる．
左右対称になるためには，

　　□□□□A□□□□

の形になる必要がある．

左側の□□□□に，A, B, C, Dを並べると，
右側も1通りに決定される．

　∴　$_4P_4=4!=24$（通り）

解法のポイント

● 1

同じものを含む順列 $\dfrac{n!}{p!q!r!\cdots}$ の分母は**重複数**を表している.

● 2

(2)では B を両端に「**固定する**」,(4)では A を中央に「**固定する**」ことを考えている.

● 3

(3)では B,D を「**後入れ**」する方法で考えている.

解法のフロー

同じものを含む順列 ▷ 「同じものを含む順列」の**公式**を利用する ▷ 条件に応じて「**固定する**」「**後入れ**」を利用

演習 2-2

science の 7 個の文字を並べる.
(1) 1 列に並べるとき,並べ方は何通りか.
(2) 両端が同じ文字になるような 1 列の並べ方は何通りか.
(3) s が i より左にあり,n が i より右にある並べ方は何通りか.

例題 2-3 経路数

右の図のような街路があり，地点Aから地点Bまで遠回りしないで行くものとする．次のような道順は何通りあるか．

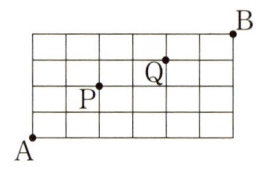

(1) AからBまで行く道順
(2) PとQを通って行く道順
(3) Pを通ってQを通らずに行く道順
(4) PとQのどちらも通らずに行く道順

（東京理科大）

● ヒント　経路数の問題　→　「→」と「↑」を並べる「同じものを含む順列」として考えよう！

— ▶ 解答 ◀ —

(1) AからBまで行く道順は「→」6コと「↑」4コの順列を考えて，

$$\frac{10!}{6!4!} = 210 \text{（通り）}$$

(2) PとQを通って行く道順は，右図のように考えて

$$\frac{4!}{2!2!} \times \frac{3!}{2!1!} \times \frac{3!}{2!1!} = 54 \text{（通り）}$$

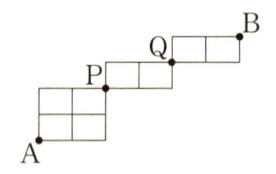

(3) Pを通って行く道順は

$$\frac{4!}{2!2!} \times \frac{6!}{4!2!} = 90 \text{（通り）}$$

∴ Pを通ってQを通らずに行く道順は
90 − 54 = 36（通り）

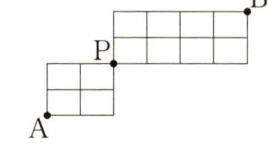

(4) Qを通って行く道順は

$$\frac{7!}{4!3!} \times \frac{3!}{2!1!} = 105 \text{（通り）}$$

∴ PとQのどちらも通らずに行く道順は
210 − (90 + 105 − 54) = 69（通り）

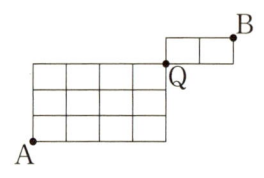

解法のポイント

● 1

同じものを含む順列 $\dfrac{n!}{p!q!r!\cdots}$ の分母は**重複数**を表している．

● 2

(4)は，U：AからBまでの道順の集合
　　　P：Pを通る道順の集合
　　　Q：Qを通る道順の集合

としたとき，
$n(\overline{P} \cap \overline{Q}) = n(U) - n(P \cup Q) = n(U) - (n(P) + n(Q) - n(P \cap Q))$ の計算をしている．

● 3

右のように**書き込み式**でも解ける．

	5	15	35	70	126	210 B
1	4	10	20	35	56	84
1	3	6	10	15	21	28
1	2	3	4	5	6	7
A	1	1	1	1	1	1

● 4

本問は，いきなり(4)だけが問われても，誘導なしでできるようにしておきたい．

解法のフロー

経路数の問題 → 「→」と「↑」の「同じものを含む順列」を考える → 条件に応じて**集合の考え方**も利用

演習 2-3

右の図のように同じ大きさの5つの立方体からなる立体に沿って最短距離で行く経路について考える．

(1) 点Aから点Bまでの経路は何通りか．
(2) 点Aから点Cまでの経路は何通りか．
(3) 点Aから点Dまでの経路は何通りか．
(4) 点Aから点Eまでの経路は何通りか．

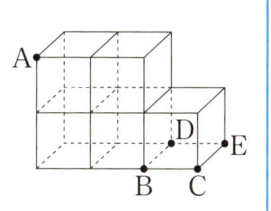

Memo

§3 順列②

■ 円順列

異なる n 個のものの円順列の総数は

$$(n-1)!\ \text{通り}$$

これは，n 個のうち特定の1つを固定して，残り $n-1$ 個の順列と考えればよい．

ex a, b, c, d, e を円形に並べる場合の数． → $(5-1)! = 24$ 通り

■ 重複順列

異なる n 種から重複を許して r 個取って並べる場合の数（重複順列）は，

$$n^r\ \text{通り}$$

ex a, b, c 3文字から重複を許して5文字の単語をつくる場合の数．
→ $3^5 = 243$ 通り

例題 3-1 隣り合う・隣り合わない

男子4人，女子2人の6人を1列に並べる．
(1) 並べ方は全部で何通りあるか．
(2) 女子2人が隣り合う並べ方は何通りあるか．
(3) 女子が隣り合わない並べ方は何通りあるか．

● ヒント　"隣り合う""隣り合わない" → それぞれ「グルーピング」「後入れ」の手法を利用しよう．

— ▶ 解答1 ◀ —

(1) $_6P_6 = 6! = 720$（通り）．

(2) 女子2人をひとまとめにして，計5人と考える．
$$_5P_5 = 5! = 120 \text{（通り）}$$
女子2人の並び方は，
$$_2P_2 = 2! = 2 \text{（通り）}$$
∴ 女子2人が隣り合う並べ方は，$120 \times 2 = 240$（通り）．

2つのWを「グルーピング」

(3) 男子4人を先に並べる．
$$_4P_4 = 4! = 24 \text{（通り）}$$
どの2つの∨に女子を入れるかを考えて，
$$_5C_2 = \frac{5!}{2!3!} = 10 \text{（通り）} \quad \cdots ①$$
女子2人の並び方は，
$$_2P_2 = 2! = 2 \text{（通り）} \quad \cdots ②$$
∴ 女子が隣り合わない並べ方は，$24 \times 10 \times 2 = 480$（通り）．

5つの∨のうち2つに女子を「後入れ」

— ▶ 解答2 ◀ —

(3) 女子が隣り合わない並べ方は，
　　(1) −「女子が隣り合う並べ方」 …③
と考えればいいので，$720 - 240 = 480$（通り）．

解法のポイント

● 1

"隣り合う" → 「グルーピング」

"隣り合わない" → 「後入れ」を強く意識する.

● 2

①②はまとめて, $_5P_2 = \dfrac{5!}{3!} = 20$（通り）と考えてもよい.

● 3

▶ 解答 2 は女子が 3 人以上のときは複雑になるので注意.
（発展演習 3 参照）

● 4

「後入れ」の手法は 2-2 も参照のこと.

解法のフロー

| 「隣り合う」「隣り合わない」の条件 | → | 「グルーピング」「後入れ」を考える | → | 別解として**余事象**なども考える |

演習 3-1

a, a, b, b, c, d, e の 7 個の文字すべてを 1 列に並べるとき，次の問いに答えよ.

(1) 並べ方は全部で何通りあるか.

(2) 2 つの a が隣り合う並べ方は何通りあるか.

(3) 2 つの a が隣り合わず，かつ 2 つの b も隣り合わない並べ方は何通りあるか.

（島根大）

例題 3-2 円順列

(1) 6人を円形に並べる場合の数は何通りあるか．
(2) 6個の異なるビーズでネックレスを作る．ネックレスの作り方は何通りあるか．
(3) 男子2人，女子4人が円形に並ぶ．男子が向かい合うように座るとき，その並び方は何通りあるか．
(4) 男子4人，女子4人が円形に並ぶ．特定の男子A君の両隣りは男子であるような並び方は何通りあるか．

● ヒント　円形に並べる　→　円順列の公式に当てはめるよりも，**「固定する」** で考えよう！

―▶ 解答 ◀―

(1) 6人のうち，特定の1人を固定して，残り5人の順列を考える．
$${}_5P_5 = 5! = 120 \text{（通り）}$$

(2) 6個のうち，特定の1個を固定して，残り5個の順列を考える．
$${}_5P_5 = 5! = 120 \text{（通り）}$$
裏表の重複を考えて，$120 \div 2 = 60$（通り）

(3) 右図の①〜④に女子4人を並べることを考えて，
$${}_4P_4 = 4! = 24 \text{（通り）}$$

(4) M_1，M_2 に入る男子2人の選び方は，
$${}_3C_2 = \frac{3!}{2!1!} = 3 \text{（通り）}$$

その2人の並べ方は，
$${}_2P_2 = 2! = 2 \text{（通り）}$$

右図の①〜⑤に残り5人を並べることを考えて，
$${}_5P_5 = 5! = 120 \text{（通り）}$$

∴　求める場合の数は，$3 \times 2 \times 120 = 720$（通り）

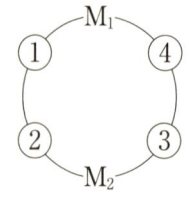

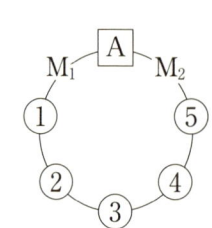

解法のポイント

● 1

円形に並べる問題は円順列の公式をそのまま用いることをできるかぎり避け，**特定の1つを固定**して，残りを普通の順列として考えるのがよい．

● 2

同じものを含まないとき，数珠順列は円順列を**重複数2**で割れば求めることができる．

● 3

(3) まず，M_1，M_2 を**固定**して，その後，**残り**の並べ方を考える．　　　　　　　〈「後入れ」〉

(4) まず，M_1，A，M_2 を**固定**して，その後，**残り**の並べ方を考える．　　　　　　　〈「後入れ」〉

解法のフロー

円形に並べる問題 → 円順列の公式よりも「固定する」を考える → 時間の流れを使って計算する

演習 3-2

(1) A，A，B，B，B，B，C の7個を円形に並べる場合の数は何通りあるか．

(2) A，B，C，D，E，F，G の7個を円形に並べる．A と B が隣り合うような並び方は何通りあるか．

(3) A，B，C，D，E，F，G の7個を円形に並べる．A，B，C が隣り合わないような並び方は何通りあるか．

(4) 赤と白のビーズを7個使いネックレスを作る．使わない色があってもよいものとする．ネックレスの作り方は何通りあるか．　　（早稲田大）

例題 3-3 重複順列

Ⅰ A, B, C 3種類から重複許して, n 個取って並べる場合の数を求めよ.

Ⅱ n 人が A, B, C の3部屋に分かれるとき,

(1) 空き部屋ができてもよいとき, 分け方は何通りあるか.

(2) 空き部屋ができてはいけないとき, 分け方は何通りあるか.

● ヒント　"重複許して並べる", "区別ある3組に n 人分かれる"

→ **重複順列**の考え方を利用しよう！

― ▶ 解答 ◀ ―

Ⅰ

重複順列を考えて, 3^n（通り）

Ⅱ

(1) 重複順列を考えて, 3^n（通り）

(2) (1)のうち, 空き部屋が発生するときを除く.

空き部屋ができる場合は, 以下の（ⅰ）（ⅱ）のいずれか.

（ⅰ）「2部屋空き」の場合

A, B, C のどれに集中するかを考えて 3通り.

（ⅱ）「1部屋のみ空き」の場合

どの部屋が空くか, 3通り.

残り2部屋への分かれ方は 2^n 通り, ただし, このうち1部屋に集中する場合が2通りなので

$3 \times (2^n - 2) = 3(2^n - 2)$ 通り.

（ⅰ）（ⅱ）より $3^n - 3(2^n - 2) - 3$ 通り.

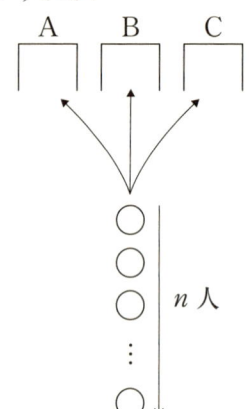

解法のポイント

● 1

「3種の重複順列」は，「3択を繰り返す」と考えれば，3^n の意味が理解しやすい．

● 2

Ⅱ(2)では，「(i) 2部屋空き」「(ii) 1部屋のみ空き」で分けることで要領よく計算できている．

● 3

「1部屋空き」ではなく，「1部屋"のみ"空き」と表現したのは，結果として「2部屋空き」となるような場合（1部屋に集中する場合）を除くことを意識している．

● 4

Ⅱの問題は厳密には，本問も「組分け」問題の1つだが，学習効率を考慮してここに配置している．

解法のフロー

旅館問題 → 重複順列の考え方を用いる → 空き部屋が発生する場合の数に注意

演習 3-3

(1) 1000 から 9999 までの4桁の自然数のうち，1000 や 1212 のようにちょうど2種類の数字から成り立っているものの個数を求めよ．

(2) n 桁の自然数のうち，ちょうど2種類の数字から成り立っているものの個数を求めよ．

（北海道大）

Memo

§4 組合せ①

■ 組合せ

異なる n 個から r 個選ぶ場合の数は,

$$_n\mathrm{C}_r = \frac{n!}{r!(n-r)!} \text{ 通り}$$

* $_n\mathrm{C}_r = {}_n\mathrm{C}_{n-r}$ $(0 \leq r \leq n)$ なども成り立つ. (§5参照)

ex a, b, c, d, e から3文字選ぶ場合の数. → $_5\mathrm{C}_3 = \dfrac{5!}{3!2!} = 10$ 通り

■ 組分け

組と要素に区別がある場合の組分けは, 順に「組合せ」を考えて, 場合の数を求める.

組分けの問題は, 特に「区別アリ／区別ナシ」に注意して考える.

ex a, b, c, d, e, f をA組2文字, B組4文字に分ける場合の数.

$$\rightarrow \quad {}_6\mathrm{C}_2 \cdot {}_4\mathrm{C}_4 = \frac{6!}{2!4!} \cdot 1 = 15 \text{ 通り}$$

■ 重複組合せ

異なる n 種から重複許して r 個選ぶ場合の数 (重複組合せ) は,

$$_n\mathrm{H}_r = {}_{n+r-1}\mathrm{C}_r \text{ 通り}$$

ex a, b, c 3文字から重複を許して5コ選ぶ場合の数.

$$\rightarrow \quad {}_3\mathrm{H}_5 = {}_7\mathrm{C}_5 = 21 \text{ 通り}$$

例題 4-1 組合せ

4人の男子と3人の女子がいる．ここから4人選んでグループを作る．
(1) 4人選ぶ場合の数を求めよ．
(2) 男子2人，女子2人となる場合の数を求めよ．
(3) 男子A君と女子Bさん共に含む場合の数を求めよ．
(4) 男子A君あるいは女子Bさんを含む場合の数を求めよ．

● ヒント　組合せの問題　→　C（コンビネーション）を用いて要領良く考える．

―▶ 解答 ◀―

(1) $_7C_4 = \dfrac{7!}{4!3!} = 35$（通り）

(2) 男子4人から2人選ぶ場合の数は，
$_4C_2 = \dfrac{4!}{2!2!} = 6$
女子4人から2人選ぶ場合の数は，
$_3C_2 = \dfrac{3!}{2!1!} = 3$
∴ 求める場合の数は　$6 \cdot 3 = 18$（通り）

(3) 先に A，B を確保して，
残り5人から2人選ぶ．
$_5C_2 = \dfrac{5!}{2!3!} = 10$（通り）

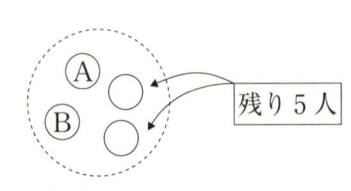

(4) まず「Aを含むとき」と「Bを含むとき」を考える．
（ⅰ）Aを含むとき
　先に A を確保して，残り6人から3人選ぶ．
$_6C_3 = \dfrac{6!}{3!3!} = 20$（通り）
（ⅱ）Bを含むとき
　（ⅰ）と同様に　$_6C_3 = \dfrac{6!}{3!3!} = 20$（通り）
「AあるいはBを含む場合の数」
　=「A含む」+「B含む」−「A，B共に含む」　…①
として計算できるので，(3)より，
　$20 + 20 - 10 = 30$（通り）

解法のポイント

● 1

組合せの問題は,「**かけるべき**」か「**足すべき**」かをきちんと考える.

● 2

(2) 「まず男子を選んで,次に女子を選ぶ」,
(3) 「先にＡとＢを確保し,後に残り2人を選ぶ」というように,**「時系列を付加」**して考えるとうまくいくことも多い.

● 3

(4)①は集合の演算 $n(A \cup B) = n(A) + n(B) - n(A \cap B)$ を用いている.

解法のフロー

組合せの問題 → 考える順番や場合分けなどに注意 → Ｃ(コンビネーション)の計算をする

演習 4-1

a, b, c, d, e, f はそれぞれ種類の異なる6匹の犬である.これらの犬のうち何匹かを,Ａ,Ｂ,Ｃの3人が同時に散歩に連れ出す.ただし1人が連れ出すことのできる犬の数は3匹までである.

(1) Ａ,Ｂ,Ｃの各自が1匹ずつ散歩に連れ出す方法は何通りあるか.
(2) 2匹を連れ出す人が1人,1匹だけを連れ出す人が2人である場合は何通りあるか.
(3) 6匹の犬のすべてが散歩に連れ出される方法は何通りあるか.ただし,Ａ,Ｂ,Ｃの各自は少なくとも1匹の犬を連れ出す. (北里大)

例題 4-2 組分け

6人をいくつかの組に分ける．
(1) 3人ずつ A，B の2組に分けるとき，分け方は全部で何通りか．
(2) 2人ずつ A，B，C の3組に分けるとき，分け方は全部で何通りか．
(3) 3人ずつ2組に分けるとき，分け方は全部で何通りか．
(4) 2人，2人，2人の3組に分けるとき，分け方は全部で何通りか．
(5) 1人，2人，3人の3組に分けるとき，分け方は全部で何通りか．
(6) 1人，1人，4人の3組に分けるとき，分け方は全部で何通りか．

● ヒント　組分けの問題　→　**区別アリ／区別ナシ**に注意して考える．

―▶ 解答 ◀―

(1) 組は名前が付いているので「区別アリ」．
$_6C_3 \times _3C_3 = 20$（通り）

(2) 組に名前が付いているので「区別アリ」．
$_6C_2 \times _4C_2 \times _2C_2 = 90$（通り）

(3) 組には名前無く，人数も等しいので「区別ナシ」となる．
求める場合の数は(1)を重複数 2! で割って，
$20 \div 2 = 10$（通り）

(4) 組には名前無く，人数も等しいので「区別ナシ」となる．
求める場合の数は(2)を重複数 3! で割って
$90 \div 3! = 15$（通り）

(5) 組は人数が異なるので「区別アリ」．
$_6C_1 \times _5C_2 \times _3C_3 = 60$（通り）

(6) 1人の組に2つには名前が付いていないので「区別ナシ」．
まず，「区別アリ」として計算すると，$_6C_1 \times _5C_1 \times _4C_4 = 30$（通り）
同じ人数の組が2つあるので，この30通りを重複数 2! で割って，
$30 \div 2! = 15$（通り）

解法のポイント

● 1

組の区別が無くなると，同じ人数の組同士の交換が可能になるので，重複が生まれる．

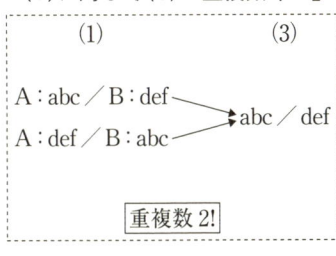

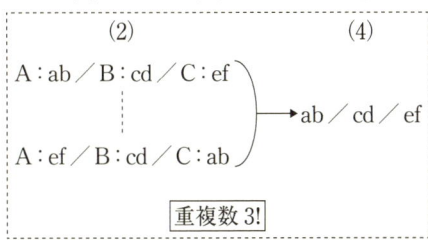

(1)に対して(3)は**重複数「2!」**

```
      (1)                (3)
A：abc／B：def
                  → abc／def
A：def／B：abc

         重複数 2!
```

(2)に対して(4)は**重複数「3!」**

```
      (2)                      (4)
A：ab／B：cd／C：ef
                       → ab／cd／ef
A：ef／B：cd／C：ab

            重複数 3!
```

● 2

(6)は，まず，組が「区別アリ」だとして場合の数を求めた後，重複数で割っている．

解法のフロー

組分けの問題 ▷ 要素と組の区別アリ／区別ナシに注意 ▷ 「区別ナシ」は重複数を考えて計算する

演習 4-2

9人をいくつかの組に分ける．
(1) 5人，4人の2組に分ける方法は何通りか．
(2) 4人，3人，2人の3組に分ける方法は何通りか．
(3) 3人ずつ A，B，C の3室に入れる方法は何通りか．
(4) 3人ずつの3組に分ける方法は何通りか．
(5) 1人，1人，7人の3つの組に分けるとき，その分け方は全部で何通りか．
(6) 1人，1人，1人，6人の4つの組に分けるとき，その分け方は全部で何通りか．

例題 4-3 重複組合せ

Ⅰ　赤, 青, 黄の3種類のカードがたくさんある. 重複を許して5枚選ぶとき, その組合せは何通りあるか. 選ばない色があってもよいとする.
Ⅱ　リンゴ, 柿, みかん, 梨の4種類から重複許して10個選ぶとき, その組合せは何通りあるか. ただし, どの果物も少なくとも1個は含むとする.
Ⅲ　$x+y+z=24$ を満たす0以上の整数の組 (x, y, z) は何組あるか.

（慶應義塾大）

● ヒント　"○種から重複許して○個選ぶ" → 「**重複組合せ**」の利用を考える.

解答 1

Ⅰ　3種から重複を許して5個選ぶ重複組合せなので,

$$_3H_5 = {_7C_5} = \frac{7\cdot 6}{2\cdot 1} = 21 \text{ （通り）}$$

Ⅱ　まず, 各種類1個ずつ確保して, 4種から重複を許して残り6個選ぶ重複組合せを考えればよい.

$$_4H_6 = {_9C_6} = {_9C_3} = \frac{9\cdot 8\cdot 7}{3\cdot 2\cdot 1} = 84 \text{ （通り）}$$

Ⅲ　求める組 (x, y, z) の個数は,
3種から重複を許して24個取る組合せ（重複組合せ）に等しい.

$$_3H_{24} = {_{26}C_{24}} = {_{26}C_2} = \frac{26\cdot 25}{2\cdot 1} = 325 \text{ （組）}$$

解答 2

Ⅲ　$x=k$ $(0 \leq k \leq 24)$ のとき, $(y, z) = (0, 24-k), (1, 23-k), \cdots (24-k, 0)$ の $25-k$（通り）

k は0から24まで変化するので,

求める整数の組は, $\displaystyle\sum_{k=0}^{24}(25-k) = 625 - \frac{1}{2}\cdot 24 \cdot 25 = 325$ （組）

解法のポイント

● 1

一般に，
「n 種から r 個選ぶ重複組合せ」は，
　　「$n-1$ コの〈仕切り〉と r コの〈スペース〉の並べ方」
と考えることができる．

　たとえば「A，B，C 3 種から重複許して 5 コ選ぶ」ならば，

○|○○|○○　←　(A1コ,B2コ,C2コを表す並べ方)

2 コの〈仕切り〉と 5 コの〈スペース〉の並べ方として $_7C_5=21$（通り）

● 2

Ⅱのように"少なくとも1コ"の条件が付加された場合は，まず，各種類1個ずつ確保してから，その後，重複組合せを計算する．

● 3

▶解答2◀の方法は，Ⅰでも可能．（Ⅰ $\sum_{k=0}^{5}(6-k)=21$）

● 4

Ⅲのような表現の問題であっても，重複組合せの利用に気付けるようにしておく．

解法のフロー

重複組合せの問題 ▶ 「n 種」「r 個」に対応する数を求める ▶ 〈仕切り〉と〈スペース〉の並べ方を考える

演習 4-3

(1) $x+y+z=10$ をみたす 0 以上の整数解 (x,y,z) の個数を求めよ．
(2) $x+y+z=10$ をみたす自然数解 (x,y,z) の個数を求めよ．
(3) $x+y+z\leqq 10$ をみたす 0 以上の整数解 (x,y,z) の個数を求めよ．
(4) $1\leqq x<y<z\leqq 10$ をみたす整数解 (x,y,z) の個数を求めよ．
(5) $1\leqq x\leqq y\leqq z\leqq 5$ をみたす整数解 (x,y,z) の個数を求めよ．（早稲田大）

Memo

§5 組合せ②

■「固定する」

重複に注意が必要な問題では，特別な1つを固定して考えるとよい．

ex 正四面体の4面を赤，青，黄，黒で塗り分けるとき，その場合の数．
→ 赤の面を底面に固定して，上から見ると3個の円順列．

∴ $2! = 2$ 通り

■ Cの性質#

C（コンビネーション）の性質としては以下の等式が成り立つ．（$0 \leq r \leq n$）

- $_nC_r = {_nC_{n-r}}$
- $_nC_r = {_{n-1}C_{r-1}} + {_{n-1}C_r}$ （証明は 例題 **5-2**）
- $r \cdot {_nC_r} = n \cdot {_{n-1}C_{r-1}}$ （証明は 例題 **5-2**）
- $_nC_0 + {_nC_1} + {_nC_2} + \cdots + {_nC_n} = 2^n$ （証明は2項定理#による）

ex n が偶数のとき，$_nC_0 - {_nC_1} + {_nC_2} - \cdots - {_nC_{n-1}} + {_nC_n}$ の値を求めよ．
→ 2項定理 $(a+b)^n = {_nC_0}a^n + {_nC_1}a^{n-1}b^1 + {_nC_2}a^{n-2}b^2 + \cdots + {_nC_n}b^n$
において，$a = 1$，$b = -1$ として，$_nC_0 - {_nC_1} + {_nC_2} - \cdots + {_nC_n} = 0$

■ 場合の数漸化式#

n の変化にともなって遷移する場合の数を漸化式で表現することがある．

ex a, b, c 3文字を使う n 文字の単語の作り方の場合の数を a_n とする．a_{n+1} と a_n の関係式を求めよ．
→ $a_{n+1} = 3a_n$

例題 5-1 固定して考える

立方体の各面に，隣り合った面の色は異なるように，色を塗りたい．ただし，立方体を回転させて一致する塗り方は同じとみなす．

(1) 異なる6色をすべて使って塗る方法は何通りあるか．
(2) 異なる5色をすべて使って塗る方法は何通りあるか．
(3) 異なる4色をすべて使って塗る方法は何通りあるか． （琉球大）

● ヒント　隣り合う面の色は異なる条件下では，
  (1) "異なる6色" → 特定の1色を固定して考える．
  (2) "異なる5色" → 1色を2回使う．**同色の2面は向かい合う．**
  (3) "異なる4色" → 2色を2回使う．**同色の2面は，それぞれ向かい合う．**

―▶解答◀―

(1) 立方体の上面の色を1つ固定する．

　　下面の塗り方は5通り．

　　側面の塗り方は，

円順列の考え方で $3! = 6$（通り）．

∴　$5 \times 6 = 30$（通り）

(2) 上面と下面を同色で固定する．

　　2回塗る色の選び方は5通り．

　　側面の塗り方は，

円順列の考え方で $3! = 6$（通り）．

ただし，上下を反対にすると塗り方が重複するので，

∴　$5 \times 6 \times \dfrac{1}{2} = 15$（通り）

(3) 上面と下面を同色，両側面を同色にして固定する．

　　2回塗る2色の選び方は

　　$_4C_2 = \dfrac{4 \cdot 3}{2 \cdot 1} = 6$（通り）．

　　残り2面の塗り方は1（通り）．

∴　6（通り）

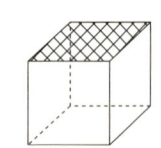

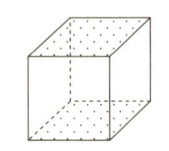

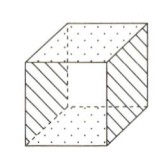

解法のポイント

1

一般に，重複が判別しづらいような場合の数を求める問題は，「**固定する**」を用いると有効なことが多い．

2

(2)における側面の塗り方は「数珠順列」と考えてもよい．

3

本問は，展開図で考えると「隣り合った面の色は異なる」という条件が捉えにくいので，**立体のまま考える**ほうがよい．

4

ちなみに本問においては，「異なる3色」で塗り分ける方法は1通り，となる．

解法のフロー

重複に注意が必要な問題 ▶ 特定のものを固定して考える ▶ 円順列などの考え方を利用する

演習 5-1

赤玉が4個，白玉が2個，青玉が1個ある．

(1) これらの中から3個の玉を取り出して円形に並べる方法は何通りあるか．

(2) 7個すべての玉を円形に並べる方法は何通りあるか．

(3) 7個すべての玉にひもを通し，首飾りを作るとき，何通りの首飾りが作れるか．

ただし，裏返して一致する首飾りは同じものとみなす．

例題 5-2# Cの性質

n を自然数, k を 0 以上 n 以下の整数とするとき,

(1) $_nC_k = {}_{n-1}C_{k-1} + {}_{n-1}C_k$ を示せ.

(2) $\sum_{k=0}^{n} {}_nC_k = 2^n$ を示せ.

(3) $k \cdot {}_nC_k = n \cdot {}_{n-1}C_{k-1}$ を示せ.

● ヒント　(1)(3)　Cに関する関係式　→　実際に**計算**してみよう！
　　　　　(2)　$\sum_{k=0}^{n} {}_nC_k =$ (Cの和) →　**二項定理**を思い出そう！

── ▶ 解答 1 ◀ ──

(1) $\displaystyle {}_{n-1}C_{k-1} + {}_{n-1}C_k = \frac{(n-1)!}{r!(n-1-r)!} + \frac{(n-1)!}{(r-1)!(n-r)!}$

$\displaystyle = \frac{(n-r)(n-1)! + r(n-1)!}{r!(n-r)!} = \frac{n(n-1)!}{r!(n-r)!} = \frac{n!}{r!(n-r)!}$

$= {}_nC_k$

(2) 二項定理

$(a+b)^n = {}_nC_0 a^n + {}_nC_1 a^{n-1}b + {}_nC_2 a^{n-2}b^2 + \cdots + {}_nC_r a^{n-r}b^r + \cdots + {}_nC_{n-1} ab^{n-1} + {}_nC_n b^n$

において, $a = b = 1$ として,

$\displaystyle 2^n = {}_nC_0 + {}_nC_1 + {}_nC_2 + \cdots + {}_nC_r + \cdots + {}_nC_{n-1} + {}_nC_n = \sum_{k=0}^{n} {}_nC_k$ ∴ $\sum_{k=0}^{n} {}_nC_k = 2^n$

(3) $\displaystyle k \cdot {}_nC_k = k \cdot \frac{n!}{k!(n-k)!} = \frac{n!}{(k-1)!(n-k)!} = n \cdot \frac{(n-1)!}{(k-1)!(n-k)!}$

$= n \cdot {}_{n-1}C_{k-1}$

── ▶ 解答 2 ◀ ──

(1) n 人から k 人選ぶことを考えて,

(左辺) = 「n 人から k 人選ぶ場合の数（${}_nC_k$）」

(右辺) = 「n 人のうち特定の 1 人を確保して, 残り $n-1$ 人から残りメンバーを選ぶ（${}_{n-1}C_{k-1}$）」+「n 人のうち特定の 1 人を除外して, 残り $n-1$ 人から残り k 人を選ぶ（${}_{n-1}C_k$）」

(2) n 人を A, B 組に分けることを考えて,

(左辺) = 「A に 0 人（${}_nC_0$）」+「A に 1 人（${}_nC_1$）」+ $\cdots$ +「A に n 人（${}_nC_n$）」

(右辺) = 「異なる n 種から r 個取って並べる重複順列（2^n）」

解法のポイント

● 1

二項定理において,「$a=1, b=-1$」を代入すると,
$$_nC_0 - {_nC_1} + {_nC_2} - \cdots + {_nC_n} = 0 \quad (n:偶数)$$
$$_nC_0 - {_nC_1} + {_nC_2} - \cdots - {_nC_n} = 0 \quad (n:奇数)$$
が導ける.

● 2

▶**解答2**◀は,Cの式の意味を考えて,「同じ試行の場合の数」を2通りで表現している.

● 3

(3)も▶**解答2**◀のように考えることができる.

(3) n 人から k 人選び,k 人からリーダーを選ぶことを考えて,
(左辺)=「n 人から k 人を選ぶ($_nC_k$)」
　　　　×「その k 人からリーダーを選ぶ ($_kC_1$)」
(右辺)=「n 人からリーダーを選ぶ ($_nC_1$)」
　　　　×「残り $n-1$ 人から残りメンバーを選ぶ ($_{n-1}C_{k-1}$)」

解法のフロー

Cに関する問題 ▶ 計算によって証明する ▶ 「意味」を考えることで証明できないかも考える

演習 5-2#

n を自然数,k を 0 以上 n 以下の整数とするとき,

(1) $_nP_k = n \cdot {_{n-1}P_{k-1}}$ を示せ.
(2) $_nP_k = {_{n-1}P_k} + k \cdot {_{n-1}P_{k-1}}$ を示せ.
(3) $_nC_0 + 2{_nC_1} + 2^2{_nC_2} + \cdots + 2^r{_nC_r} + \cdots + 2^n{_nC_n}$ を計算せよ.
(4) $\displaystyle\sum_{k=1}^{n} k \cdot {_nC_k}$ を求めよ.

例題 5-3# 場合の数漸化式

1歩で1段または2段のいずれかで階段を昇るとき，1歩で2段昇ることは連続しないものとする．

10段の階段を昇る昇り方は何通りあるか． （京都大）

● ヒント　n の変化に伴い，遷移する場合の数 a_n

→ **はじめの1手で場合分け**して漸化式を立式しよう！

解答1

n 段の階段の昇り方を a_n 通りとすると　$a_1=1$, $a_2=2$, $a_3=3$．

$n≧4$ のとき，（ⅰ），（ⅱ）に場合分けできる．…①

（ⅰ）　最初の1歩で1段昇るとき残りの
　　　$n-1$ 段の昇り方は　a_{n-1} 通り

（ⅱ）　最初の1歩で2段昇るとき次の1
　　　歩は必ず1段昇るから，残りの $n-3$ 段の昇り方は　a_{n-3} 通り

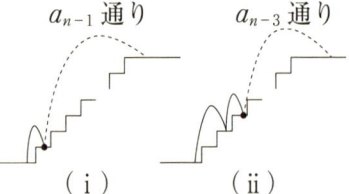

（ⅰ），（ⅱ）より，$a_n = a_{n-1} + a_{n-3}$ $(n≧4)$

この漸化式を繰り返し用いると，表のようになる．

∴　求める昇り方は 41（通り）

n	1	2	3	4	5	6	7	8	9	10
a_n	1	2	3	4	6	9	13	19	28	41

解答2

1歩で1段昇ることを A，1歩で2段昇ることを B で表す．

A を m 回，B を n 回行うとき，

　　$m+2n=10$　ただし，$m≧n-1$　…②

∴　$(m, n) = (10, 0)$, $(8, 1)$, $(6, 2)$, $(4, 3)$ であることから
題意の条件は
　「Bが隣り合わないように，m コの A と n コの B を並べる場合の数」
と考えることができるので，…③

　　$m+1$ 個の ∨ から B が入る n 個の選び方は　${}_{m+1}C_n$（通り）

∴　求める昇り方は　${}_{11}C_0 + {}_9C_1 + {}_7C_2 + {}_5C_3 = 1+9+21+10 = 41$（通り）

解法のポイント

● 1

①の場合分けにおいて，（ⅰ）（ⅱ）は**排反**であることに注意．

● 2

②において，$m < n-1$ となると，必ずどこかでBが隣り合ってしまうことになる．

● 3

▶**解答2**◀では「**後入れ**」の手法を用いている．

● 4

③は**同値に言い換えている**（ 7-3 参照）．

解法のフロー

n の変化に伴い遷移する**場合の数** a_n ▷ はじめの一手で**場合分け**をする ▷ **漸化式**を立式する

演習 5-3

碁石を n 個 1 列に並べる並べ方のうち，黒石が先頭で白石どうしは隣り合わないような並べ方の総数を a_n とする．ここで，$a_1 = 1, a_2 = 2$ である．このとき，a_{10} を求めよ． （早稲田大）

Memo

§6 確率①

■ 確率

確率は，すべての要素を区別して，場合の数を計算することによって求めることができる．

$$P(A) = \frac{n(A)}{n(U)} = \frac{事象Aの起こる場合の数}{起こりうるすべての場合の数}$$

ex 赤玉2個，白球3個入った袋から2個取り出す．取り出した2個の玉の色が異なる確率を求めよ．

$$\rightarrow \quad \frac{{}_2C_1 \cdot {}_3C_1}{{}_5C_2} = \frac{3}{5}$$

■ 余事象

事象 A が起こる確率 $P(A)$ は，
事象 A が起こらない確率 $P(\overline{A})$ （事象 A の余事象）の確率を用いて，

$$P(A) = 1 - P(\overline{A})$$

として求めることができる．

* 特に，「少なくとも」という問題文中の表現には注意する．

ex サイコロ2回投げるとき，目の和が3以上となる確率 P を求めよ．

$$\rightarrow \quad P = 1 - (目の和が2以下) = 1 - \frac{1}{6 \cdot 6} = \frac{35}{36}$$

例題 6-1 場合の数と確率①

赤球5個，白球4個，青球3個が入っている袋から，よくかき混ぜて球を同時に3個取り出す．
(1) 3個とも赤球である確率を求めよ．
(2) 3個とも色が異なる確率を求めよ．
(3) 3個の球の色が2種類である確率を求めよ．

● ヒント　球の抽出の問題　→　「全場合の数」と「その場合の数」を求めて確率を求めよう！

▶ 解答1 ◀

全場合の数は，「12個から3個選ぶ場合の数」であるから $_{12}C_3$（通り）

(1) 赤球5個から3個を取り出す場合であるから，求める確率は

$$\frac{_5C_3}{_{12}C_3} = \frac{1}{22} \quad \cdots ①$$

(2) 赤球，白球，青球をそれぞれ1個ずつ取り出す場合であるから，求める確率は

$$\frac{_5C_1 \times _4C_1 \times _3C_1}{_{12}C_3} = \frac{3}{11} \quad \cdots ②$$

(3) 2種類の選び方は，以下の（ⅰ）〜（ⅲ）のいずれか．
　（ⅰ）赤球と白球を取り出す　$_5C_2 \times _4C_1 + _5C_1 \times _4C_2 = 40 + 30 = 70$（通り）
　（ⅱ）赤球と青球を取り出す　$_5C_2 \times _3C_1 + _5C_1 \times _3C_2 = 30 + 15 = 45$（通り）
　（ⅲ）白球と青球を取り出す　$_4C_2 \times _3C_1 + _4C_1 \times _3C_2 = 18 + 12 = 30$（通り）

∴ 求める確率は $\dfrac{70+45+30}{_{12}C_3} = \dfrac{145}{220} = \dfrac{29}{44}$

▶ 解答2 ◀

(3) 3個とも白球である確率 $\dfrac{1}{55}$，3個とも青球である確率 $\dfrac{1}{220}$ より，求める確率は

$$1 - \left(\frac{1}{22} + \frac{1}{55} + \frac{1}{220} + \frac{3}{11}\right) = \frac{29}{44}$$

解法のポイント

● 1

確率を考えるときは，**すべての要素を区別**して考えることに注意．（本問では，同じ色の球であっても区別して，「12個の異なるもの」と考える．）

● 2

①の計算は，$_{12}C_3$ と $_5C_3$ をそれぞれ計算するよりも，

$$\frac{_5C_3}{_{12}C_3} = \frac{\frac{5!}{3!2!}}{\frac{12!}{3!9!}} = \frac{5\cdot 4}{2\cdot 1} \div \frac{12\cdot 11\cdot 10}{3\cdot 2} = \frac{5\cdot 4\cdot 3\cdot 2}{2\cdot 12\cdot 11\cdot 10} = \frac{1}{22}$$

と計算したほうが簡単．（②も同様）

● 3

▶ **解答2** ◀ は余事象の考え方を用いている．

● 4

球の抽出問題は

　「同時に3個取り出す」

　「順に3つ取り出す（取り出した球を戻さない）」〈**非復元抽出**〉（ 7-3 ）

　「順に3つ取り出す（取り出した球は毎回戻す）」〈**復元抽出**〉

の違いに注意する．

解法のフロー

球の抽出の問題 ▶ 必要ならば**場合分け**をする ▶ 「全場合の数」と「その場合の数」を求める

演習 6-1

赤球と白球が合わせて16個入っている袋がある．この袋から1つ球を取り出し，残りからまた1つ取り出す．このとき2個が同じ色である確率が $\frac{1}{2}$ ならば，白球の個数は何個であるか求めよ．　　　　（福岡大）

例題 6-2 場合の数と確率②

3個のサイコロを同時に投げるとき，次の確率を求めよ．
(1) 出た目の数の和が10である確率．
(2) 出た目の数の和が偶数である確率．
(3) 偶数の目が少なくとも1つ出る確率． （滋賀医科大）

ヒント
(1) "出た目の和が10" → **書き出しても多くなさそう！**
(2) "和が偶数" → **場合分け**をして，効率よく数え上げよう！
(3) "少なくとも1つ" → **余事象**の利用を考えよう！

解答

全場合の数は，重複順列を考えて 6^3（通り）

(1) 目の数の和が10となる組合せは
$(1, 3, 6), (1, 4, 5), (2, 2, 6), (2, 3, 5), (2, 4, 4), (3, 3, 4)$
サイコロの区別を考えると，
$(1, 3, 6), (1, 4, 5), (2, 3, 5)$ は，それぞれ $3! = 6$（通り）
$(2, 2, 6), (2, 4, 4), (3, 3, 4)$ は，それぞれ 3（通り）

∴ 求める確率は $\dfrac{6 \times 3 + 3 \times 3}{6^3} = \dfrac{1}{8}$

(2) 目の数の和が偶数になるのは，以下の（ⅰ）〜（ⅱ）のいずれか．
（ⅰ）3つとも偶数　　　　　　$3^3 = 27$（通り）
（ⅱ）1つが偶数で2つが奇数　${}_3C_1 \cdot 3 \cdot 3^2 = 81$（通り）　…①

∴ 求める確率は $\dfrac{27 + 81}{6^3} = \dfrac{1}{2}$

(3) 「3個すべて奇数の目が出る」事象の余事象．
3個すべて奇数となるのは $3^3 = 27$（通り）

∴ 求める確率は $1 - \dfrac{3^3}{6^3} = \dfrac{7}{8}$

解法のポイント

● 1

(1)確率では，「**全て区別**」して考えるので，サイコロの区別を掛ける必要がある．

● 2

①は，
「どのサイコロが偶数か $_3C_1$ 通り」×「どの偶数か3通り」
　　　×「どの奇数か3通り」×「どの奇数か3通り」
と考えて，計算している．

● 3

(3)は
「（ⅰ）偶数の目が1つ出る（ⅱ）偶数の目が2つ出る
（ⅲ）偶数の目が3つ出る」
と場合分けして考えても解けるが，計算量が多くなる．

解法のフロー

| サイコロの目の和に関する問題 | ▶ | 必要ならば**場合分け**をする | ▶ | サイコロ全てを区別することに注意して計算する |

演習 6-2

3個のサイコロを同時に振る．
(1) 3個のうち，いずれか2個のサイコロの目の和が5になる確率を求めよ．
(2) 3個のうち，いずれか2個のサイコロの目の和が10になる確率を求めよ．
(3) どの2個のサイコロの目の和も5の倍数でない確率を求めよ．（首都大）

例題 6-3 場合の数と確率③

n を 3 以上の整数とする．n 人がじゃんけんを 1 回行うとき，次の確率を求めよ．

(1) 1 人が勝つ確率．
(2) 2 人が勝つ確率．
(3) あいこになる確率．

(明治大)

● ヒント　n 人じゃんけんの確率　→　**全場合の数 3^n 通り**のもと，条件をみたす場合の数を考えよう！

―▶ 解答 ◀―

全場合の数は 3^n（通り）

(1) 1 人が勝つとき，

　　　　どの手で勝つのか　　${}_3C_1 = 3$（通り）
　　　　誰が勝つのか　　　　${}_nC_1 = n$（通り）

　場合の数は，$3 \times n = 3n$（通り）．　　∴　求める確率は，$\dfrac{3n}{3^n} = \dfrac{n}{3^{n-1}}$

(2) 2 人が勝つとき，

　　　　どの手で勝つのか　　${}_3C_1 = 3$（通り）
　　　　どの 2 人が勝つのか　${}_nC_2 = \dfrac{n(n-1)}{2}$（通り）

　と考えて，場合の数は，$3 \times \dfrac{n(n-1)}{2} = \dfrac{3n(n-1)}{2}$（通り）．

　∴　求める確率は，$\dfrac{\frac{3n(n-1)}{2}}{3^n} = \dfrac{n(n-1)}{2 \cdot 3^{n-1}}$

(3) 余事象である「勝負が決まる」場合の数を考える．

　　　　2 種類の手の選び方　${}_3C_2 = 3$（通り）
　　　　n 人全員がある 2 種類の手のいずれかを出す　$2^n - 2$（通り）　…①

　場合の数は，

　∴　求める確率は　$1 - \dfrac{3(2^n - 2)}{3^n} = \dfrac{3^n - 3 \cdot 2^n + 6}{3^n}$

解法のポイント

● 1

じゃんけんの問題は，
「登場する手（グー／チョキ／パー）」→「誰が勝つのか」
の順で考えれば，捉えやすい．

● 2

(3)あいこになる状態は多くて捉えにくいので，**余事象**で考えている．

● 3

①は，重複順列を考えて，2^n（通り）を求め，その後，
「全員がどちらかの一種類の手だけになってしまう場合の数」
の2通り
を引いている．（二項定理で考えてもよい）

解法のフロー

じゃんけんに関する問題 ▶ 全場合の数 3^n 通り ▶ 条件の場合の数を計算する

演習 6-3

n 個のサイコロを同時に振り，出た目の最大のものを M，最小のものを m とするとき，$M-m>1$ となる確率を求めよ． （京都大）

Memo

§7 確率②

■ 同値に言い換える

確率の問題では，題意を同値に言い換えて，場合の数を求めやすくすると有効なことが多い．

同値に言い換えた後は，集合や場合の数（§1〜§5）で学んだ解法を積極的に利用するとよい．

* 「最大値が M」=「すべてが M 以下」−「すべてが $M-1$ 以下」
  「最小値が M」=「すべてが M 以上」−「すべてが $M+1$ 以上」

(9-1 参照)

ex サイコロを3回投げて，出た目の最大値が6となる確率 → $1 - \dfrac{5^3}{6^3}$

■ 乗法定理

事象 A と事象 B が独立であるとき，事象 A と事象 B がともに起こる確率 $P(A \cap B)$ は，
$$P(A \cap B) = P(A)P(B)$$

ex A君とB君の合格する確率がそれぞれ $\dfrac{1}{3}$，$\dfrac{1}{4}$ のとき，「A君が合格で，B君が不合格」となる確率を求めよ．

→ $\dfrac{1}{3} \cdot \left(1 - \dfrac{1}{4}\right) = \dfrac{1}{3} \cdot \dfrac{3}{4} = \dfrac{1}{4}$

例題 7-1 同値に言い換える

サイコロを n 個同時に投げるとき，出た目の数の和が $n+2$ になる確率を求めよ．ただし，n は 3 以上の整数とする． （京都大）

● ヒント　和が「$n+2$」　→　ほとんどが ⚀ であり ⚂ 以上は出ないので ⚁ や ⚂ の個数で場合分けして考えよう！（▶解答1◀）

▶解答1◀

サイコロの目の出方の全場合の数は 6^n 通り

出た目の数の和が $n+2$ になるのは，次の（ⅰ），（ⅱ）のいずれか．

（ⅰ）　n 個のうち，1 個が ⚂ で，残り $(n-1)$ 個はすべて 1

（ⅱ）　n 個のうち，2 個が ⚁ で，残り $(n-2)$ 個はすべて 1

（ⅰ）の場合の数は　${}_n C_1 = n$ （通り）

（ⅱ）の場合の数は　${}_n C_2 = \dfrac{n(n-1)}{2}$ （通り）

∴　求める確率は　$\dfrac{n + \dfrac{n(n-1)}{2}}{6^n} = \dfrac{n(n+1)}{2 \cdot 6^n}$

▶解答2◀

本問は「n 個同時に投げる」を「順に n 回投げる」と言い換えてもよい．

k 回目（$k = 1, 2, \cdots\cdots, n$）に出た目を x_k とおく．（$x_k \geq 1$）

$x_1 + x_2 + \cdots\cdots + x_n = n + 2$

∴　$(x_1 - 1) + (x_2 - 1) + \cdots\cdots + (x_n - 1) = 2$ 　…①

これは「異なる n 種から重複を許して 2 個を選ぶ重複組合せ」であるから，

${}_n H_2 = {}_{n+1} C_2 = \dfrac{n(n+1)}{2}$ （通り）

∴　求める確率は　$\dfrac{\dfrac{n(n+1)}{2}}{6^n} = \dfrac{n(n+1)}{2 \cdot 6^n}$

- 解法のポイント

● 1

①は $\boxed{4\text{-}3}$ Ⅲ と同じ形.

● 2

▶解答 2 ◀ は以下のように考えると理解しやすい.

"(少なくとも全て1以上の目がでるので) n ヶ所にメダルを1枚ずつ置き, 追加の2枚を n ヶ所のうち重複を許して2つの場所に重ねる"

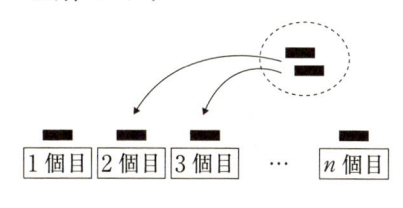

↓

重複組合せ

● 3

本問の「$n+2$」を「$n+3$」に変更したものが, 同年の京大理系で出題されている.

(この場合, ▶解答 2 ◀ が圧倒的に有効.)

- 解法のフロー

| 複雑な条件の事象 | ▷ | その事象を「同値に言い換える」 | ▷ | 場合の数の解法を適用する |

演習 7-1

サイコロを3回投げる. 出た目を順に a, b, c とする.

(1) a, b, c を3辺の長さとする正三角形が作れる確率を求めよ.

(2) a, b, c を3辺の長さとする二等辺三角形が作れる確率を求めよ.

(3) a, b, c を3辺の長さとする三角形が作れる確率を求めよ.

(滋賀医科大)

例題 7-2 確率の乗法定理①

3名の受験生 A, B, C がいて, おのおのの志望校に合格する確率を, それぞれ $\frac{4}{5}$, $\frac{3}{4}$, $\frac{2}{3}$ とする.
(1) 3名とも合格する確率を求めよ.
(2) 2名だけ合格する確率を求めよ.
(3) 少なくとも1名が合格する確率を求めよ. （近畿大）

● ヒント　確率の乗法定理　→　独立な事象どうしの確率は, **そのまま掛け算を していくことができる！**

―▶ 解答 ◀―

(1) A, B, C それぞれが合格するかどうかは独立であるので,

$$\frac{4}{5} \times \frac{3}{4} \times \frac{2}{3} = \frac{2}{5}$$

(2) （ⅰ）A だけが不合格になる場合
　　（ⅱ）B だけが不合格になる場合
　　（ⅲ）C だけが不合格になる場合
（ⅰ）〜（ⅲ）の場合を考えて,

$$\left(1-\frac{4}{5}\right) \times \frac{3}{4} \times \frac{2}{3} + \frac{4}{5} \times \left(1-\frac{3}{4}\right) \times \frac{2}{3} + \frac{4}{5} \times \frac{3}{4} \times \left(1-\frac{2}{3}\right) = \frac{13}{30}$$

(3) 余事象である「3名とも不合格になる確率」を考える.

$$\left(1-\frac{4}{5}\right) \times \left(1-\frac{3}{4}\right) \times \left(1-\frac{2}{3}\right) = \frac{1}{60}$$

∴　求める確率は　$1 - \frac{1}{60} = \frac{59}{60}$

解法のポイント

● 1

「試行Aと試行Bが無関係で，互いの結果が他方に影響しない」ならば，試行Aと試行Bは**「独立である」**という．独立試行を対象とする問題では，**乗法定理**の利用が有効である．

● 2

(3)は余事象を考えずに，

（ⅰ）Aだけが合格　　（ⅱ）Bだけが合格　　（ⅲ）Cだけが合格
（ⅳ）A, Bだけが合格　（ⅴ）B, Cだけが合格　（ⅵ）C, Aだけが合格

のそれぞれの確率を求めて，足し合わせてもよいが，計算量が多くなる．

解法のフロー

独立な試行に関する問題 → 確率の**乗法定理**を利用する → 条件に応じて**余事象**を考える

演習 7-2

サッカー部のA君がシュートをするとき，3回のうち2回の割合で球がゴールに入る．A君が5回連続してシュートをするとき
(1) 球が1回だけゴールに入る確率を求めよ．
(2) 球が3回以上ゴールに入る確率を求めよ．
(3) 球が1度でも連続してゴールに入る確率を求めよ．　　（立教大）

例題 7-3 確率の乗法定理②

1つのサイコロを4回投げ，出た目の数を順に x, y, z, w とする．このとき，
(1) $(x-y)(y-z)(z-w) \neq 0$ となる確率を求めよ．
(2) $(x-y)(y-z)(z-w)(w-x) = 0$ となる確率を求めよ． （早稲田大）

● ヒント　$(x-y)(y-z)(z-w) = 0$ → 「$x-y=0$ または $y-z=0$ または $z-w=0$」と考えよう！

▶解答1◀

(1) $x \neq y$ かつ $y \neq z$ かつ $z \neq w$ であればいいので， …①
   確率を $x \to y \to z \to w$ の順に掛けていくと，
   $$\frac{6}{6} \times \frac{5}{6} \times \frac{5}{6} \times \frac{5}{6} = \frac{125}{216}$$

(2) 余事象を考える．
   $(x-y)(y-z)(z-w)(w-x) \neq 0$
   となるのは，
   　$x \neq y$ かつ $y \neq z$ かつ $z \neq w$ かつ $w \neq x$ であるとき． …②
   x と z に注目して，以下の2通りに場合分けできる．
   （ⅰ）$x = z$ のとき
   $$\frac{6}{6} \times \frac{5}{6} \times \frac{1}{6} \times \frac{5}{6} = \frac{25}{216}$$
   （ⅱ）$x \neq z$ のとき
   $$\frac{6}{6} \times \frac{5}{6} \times \frac{4}{6} \times \frac{4}{6} = \frac{10}{27}$$
   （ⅰ）（ⅱ）より，$1 - \left(\dfrac{25}{216} + \dfrac{10}{27}\right) = \dfrac{37}{72}$

▶解答2◀

(1) 全場合の数は $6^4 = 1296$（通り）
   条件をみたす場合の数を，$x \to y \to z \to w$ の順で考えていくと，
   $6 \times 5 \times 5 \times 5 = 750$（通り）
   ∴ 求める確率は $\dfrac{750}{1296} = \dfrac{125}{216}$

解法のポイント

● 1

①②は「**同値に言い換え**」をしている．

● 2

(2)の題意の条件が成り立つのは，
「$(x-y)$，$(y-z)$，$(z-w)$，$(w-x)$ の"**少なくとも**"1つが0」
であるので，**余事象**の利用を考えている．

● 3

(2)は(1)と異なり，
$(w-x)$ が最後にあるため，$(x-y)(y-z)(z-w)(w-x) \neq 0$ とするには w は z と異なるだけではなく，x とも異なる必要がある．
そこで，「$x=z$ のとき」と，「$x \neq z$ のとき」とに場合分けして考えている．

解法のフロー

時間の流れ
に従って
考える問題

▷

条件に合うように
順に
考えていく

▷

確率の乗法定理
を用いる

演習 7-3

先生と3人の生徒A，B，Cがいる．箱には最初，赤玉3個，白玉7個，全部で10個の玉が入っている．先生がサイコロをふって，1の目が出たらAが，2または3の目が出たらBが，その他の目が出たらCが箱から1つだけ玉を取り出す操作を行う．取り出した玉は箱に戻さず，取り出した生徒のものとする．この操作を続けて行うとき，以下の問いに答えよ．

(1) 2回目の操作が終わったとき，Aが2個の赤玉を手に入れている確率を求めよ．

(2) 2回目の操作が終わったとき，Bが少なくとも1個の赤玉を手に入れている確率を求めよ．

(3) 3回目の操作で，Cが赤玉を取り出す確率を求めよ．

(東北大)

Memo

§8 確率③

■ 反復試行

n 回試行するとき，確率 p で起こる事象が r 回起こる確率は，
$$_nC_r p^r (1-p)^{n-r}$$

* これは公式として覚えるのではなく，順番までを指定した「特別な場合の確率」($p^r(1-p)^{n-r}$) に，順番が変わる「バリエーション」($_nC_r$) を掛けていると考える．

ex A君がゴールを決める確率を $\dfrac{1}{3}$ とする．5回シュートして3回ゴールする確率を求めよ．

$$\rightarrow \quad _5C_3 \left(\dfrac{1}{3}\right)^3 \left(1-\dfrac{1}{3}\right)^2 = \dfrac{40}{243}$$

■ 条件付き確率

事象 A が起こったときの事象 B が起こる条件付き確率を $P_A(B)$ とすると，
$$P(A \cap B) = P(A) \cdot P_A(B)$$

ex 引いたくじはもとに戻さず，当たりくじ4本を含む10本のくじをA，Bの順に1本ずつ引く．Aが当たりを引いたとき，Bが当たりを引く条件付き確率を求めよ．

$$\rightarrow \quad P_A(B) = \dfrac{3}{9} = \dfrac{1}{3}$$

例題 8-1 反復試行①

AとBがゲームの対戦を行い，先に4勝した方を優勝として，ゲームを終了する．ただし，1回の対戦でAがBに勝つ確率は $\frac{2}{3}$ であり，このゲームに引き分けはないものとする．

(1) 4試合目でAが優勝する確率を求めよ．
(2) 5試合目でAが優勝する確率を求めよ．
(3) Aが優勝する確率を求めよ．

● ヒント　ゲームを繰り返す　→　順番までを指定した「**特別な場合の確率**」を求めてから，「**バリエーション**」を掛けて考えよう！

── ▶ 解答 ◀ ──

(1) Aが1試合目から4試合目まで4連勝する確率を考えて，

$$\left(\frac{2}{3}\right)^4 = \frac{16}{81} \quad \cdots ①$$

(2) BAAAAの順だと順番を指定して考えると，その確率は，

$$\frac{1}{3} \cdot \left(\frac{2}{3}\right)^4 = \frac{16}{243} \quad \langle 特別な場合の確率 \rangle$$

また，5試合目は，必ずAが勝つので，5試合目のAを固定し，1試合目から4試合目のどこでBが勝つかを考えて，

$${}_4C_1 = 4 \text{（通り）} \langle バリエーション \rangle \quad \cdots ②$$

∴ 求める確率は　 $4 \cdot \frac{16}{243} = \frac{64}{243}$

(3) (2)と同様に

6試合目でAが優勝する確率を求めると， ${}_5C_2 \cdot \left(\frac{1}{3}\right)^2 \cdot \left(\frac{2}{3}\right)^4 = \frac{160}{729}$

7試合目でAが優勝する確率を求めると， ${}_6C_3 \cdot \left(\frac{1}{3}\right)^3 \cdot \left(\frac{2}{3}\right)^4 = \frac{320}{2187}$

(1)(2)より，Aが優勝する確率は， $\frac{16}{81} + \frac{64}{243} + \frac{160}{729} + \frac{320}{2187} = \frac{1808}{2187}$

解法のポイント

● 1

①では確率の**乗法定理**を用いている．

● 2

(2)では，〈特別な場合の確率〉×〈バリエーション〉として反復試行の確率を求めている．

● 3

②では，「1 試合目から 5 試合目のどこで B が勝つかを考えて，$_5C_1=5$（通り）」としないように注意する．（反復試行の確率公式はそのまま全体で利用できない）

解法のフロー

ゲームを繰り返すときの確率 ▷ 〈特別な場合の確率〉を求める ▷ 〈バリエーション〉を求め，かけることで確率を求める

演習 8-1

A さんと B さんが次の 3 つの規則（ア），（イ），（ウ）に従ってゲームを行う．

（ア） 2 人がそれぞれ 1 枚の硬貨を 1 回投げる．
（イ） 両者で異なる面が出た場合には表を出した人が 1 点を獲得する．
（ウ） 両者で同じ面が出た場合には両者に得点は入らないとする．

このゲームを 5 回繰り返し行い，先に 2 点を獲得した人を勝者とする．5 回以内で勝者が決まらなかった場合には引き分けとする．

(1) ちょうど 3 回目で A さんが勝者となる確率を求めよ．
(2) 5 回以内で勝者が決まる確率を求めよ．

(慶応義塾大)

例題 8-2 反復試行②

ある花の1個の球根が1年後に3個,2個,1個,0個(消滅)になる確率はそれぞれ $\frac{3}{10}$, $\frac{2}{5}$, $\frac{1}{5}$, $\frac{1}{10}$ であるとする.1個の球根が2年後に2個になっている確率を求めよ.　　　　　　　(早稲田大)

● ヒント　「2年後に2個」　→　個数の変遷について**場合分け**して考えよう.

― ▶ 解答 ◀ ―

(ⅰ) 1個→1個→2個となるとき

1年後→2年後で1個の球根が2個になればよい
$$\frac{1}{5} \cdot \frac{2}{5} = \frac{2}{25}$$

(ⅱ) 1個→2個→2個となるとき

・2個がそれぞれ1個になる確率は
$$\left(\frac{1}{5}\right)^2 = \frac{1}{25}$$

・2個のうち1個が消滅し,残り1個が2個になる確率は
$$_2C_1 \cdot \frac{1}{10} \cdot \frac{2}{5} = \frac{2}{25} \quad \cdots ①$$

以上より, $\frac{2}{5} \cdot \frac{1}{25} + \frac{2}{5} \cdot \frac{2}{25} = \frac{6}{125}$

(ⅲ) 1個→3個→2個となるとき

・3個のうち2個が消滅し,残り1個が2個になる確率は
$$_3C_2 \cdot \left(\frac{1}{10}\right)^2 \cdot \frac{2}{5} = \frac{3}{250} \quad \cdots ②$$

・3個のうち1個が消滅し,残り2個がそれぞれ1個になる確率は
$$_3C_1 \cdot \frac{1}{10} \cdot \left(\frac{1}{5}\right)^2 = \frac{3}{250} \quad \cdots ③$$

以上より, $\frac{3}{10} \cdot \frac{3}{250} + \frac{3}{10} \cdot \frac{3}{250} = \frac{9}{1250}$

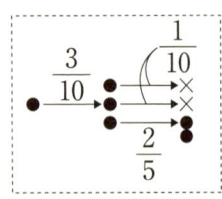

(ⅰ)～(ⅲ)から,求める確率は $\frac{2}{25} + \frac{6}{125} + \frac{9}{1250} = \frac{169}{1250}$

解法のポイント

●1

個数の変遷に注意して,「1年後に1個／2個／3個となるとき」で**場合分け**している.

●2

①では「どちらが消滅するか」の $_2C_1$（通り）
②では「どの2個が消滅するか」の $_3C_2$（通り）
③では「どの1個が消滅するか」の $_3C_1$（通り）
を掛けている.

●3

状態の変遷に関する問題では, ▶解答◀のように**絵を描いて**考えるとよい.

解法のフロー

状態が変遷する問題 ▶ 変遷の過程を場合分け ▶ それぞれの確率を求めて考える

演習 8-2

30本のくじの中に当たりくじが5本ある．このくじをA，B，Cの3人がこの順に，1本ずつ1回だけ引くとき，次の確率を求めよ．ただし，引いたくじはもとに戻さないものとする．

(1) A, B, Cの3人とも当たる確率.
(2) A, B, Cのうち少なくとも1人が当たる確率.
(3) A, B, Cのうち2人以上が当たる確率. （鳥取大）

例題 8-3 条件付き確率

3つのサイコロを同時に投げたとき、すべて異なる目が出る事象を A, 3つのサイコロのうち少なくとも1つは1の目である事象をBとする.
(1) 事象Aが起こる確率を求めよ.
(2) 事象Bが起こる確率を求めよ.
(3) 事象Aと事象Bが同時に起こる確率を求めよ.
(4) 事象Bが起こったときの事象Aの起こる条件付き確率を求めよ.

(東京理科大)

● ヒント　"Bが起こったときのAの起こる条件付き確率 $P_B(A)$"

$$\rightarrow \quad P_B(A) = \frac{P(A \cap B)}{P(B)} \text{を計算しよう!}$$

――▶ 解答 ◀――

全場合の数は $6^3 = 216$ (通り)

(1) 3つの目がすべて異なる場合の数は $_6P_3 = 120$ (通り)

∴ 求める確率は $P(A) = \dfrac{120}{216} = \dfrac{5}{9}$

(2) 余事象 $\overline{B}$ は, 1の目が1つも出ない事象である. その場合の数は $5^3 = 125$

∴ $P(\overline{B}) = \dfrac{5^3}{6^3} = \dfrac{125}{216}$

$P(B) = 1 - P(\overline{B})$ であるから,

$P(B) = 1 - \dfrac{125}{216} = \dfrac{91}{216}$

(3) $A \cap B$ は, 1の目が1つだけ出て, 他は1以外の異なる目が出る事象.

∴ $P(A \cap B) = \dfrac{_5C_2 \times 3!}{216} = \dfrac{60}{216} = \dfrac{5}{18}$

(4) $P_B(A) = \dfrac{P(A \cap B)}{P(B)}$ …① であるから, (2), (3)より

$P_B(A) = \dfrac{5}{18} \div \dfrac{91}{216} = \dfrac{5}{18} \times \dfrac{216}{91} = \dfrac{60}{91}$

解法のポイント

● 1

本問のように事象 A の結果と事象 B の結果が関係する（独立でない）とき，これらの事象は **「従属である」** という．

● 2

①は，$P(A \cap B) = P(B) \cdot P_B(A) \Leftrightarrow P_B(A) = \dfrac{P(A \cap B)}{P(B)}$ を考えている．

● 3

(1)の確率よりも(4)の確率が大きい理由は，

「事象 B（少なくとも 1 つは 1 の目）が起こった時点で，サイコロの目が 2～5 に限定されていないことが保証されるので，事象 A（すべて異なる）がわずかながら起こりやすい」

と直感的に理解することができる．

解法のフロー

条件付き確率の問題 ▶ 前提となる条件と結果となる条件の確率を求める ▶ $P(A \cap B)$
$= P(B) \cdot P_B(A)$
$= P(A) \cdot P_A(B)$
より計算する

演習 8-3

袋の中に，両面とも赤のカードが 2 枚，両面とも青，両面とも黄，片面が赤で片面が青，片面が青で片面が黄のカードがそれぞれ 1 枚ずつの計 6 枚のカードが入っている．

その中の 1 枚を無作為に選んで取り出し机の上に置くとき，表が赤の確率は ア□，両面とも赤の確率は イ□ である．表が赤であることが分かったとき，裏も赤である確率は ウ□ である．最初のカードは袋に戻さずに，もう 1 枚カードを取り出して机の上に置くことにする．最初のカードの表が赤と分かっているとき，2 枚目のカードの表が青である確率は エ□ である．最初のカードの表が赤で，2 枚目のカードの表が青であることが分かったとき，最初のカードの裏が赤である確率は オ□ である． （慶応義塾大）

Memo

§9 確率④

■ 集合の利用

条件が複雑な事象の確率を考えるとき，条件を分解して集合を設定し，ベン図等を用いて計算する．

* 集合の設定は「否定表現」(〜が出ない，〜を含まない)，「全称表現」(全てが〜) を優先する．
* 特に「最大値が M」=「すべてが M 以下」−「すべてが $M-1$ 以下」などに注意．

ex 事象 A の確率が p，事象 B の確率が q，A と B が同時に起こる確率が r のとき，A または B の起こる確率．

$$\rightarrow \quad P(A \cup B) = P(A) + P(B) - P(A \cap B) = p + q - r$$

■ 特殊な確率計算

ある事象の確率を計算するとき，特殊な考え方や特殊な計算が有効となる場合がある．

ex n 個の鍵のうち 1 つだけが正しい．順番に 1 つずつ試し，ちょうど r 回目に鍵が合う確率を求めよ．

→ 鍵を順番に並べて ($n!$ 通り) から試す．「r 番目に正しい鍵がある場合の数」は $(n-1)!$ 通り

$$\therefore \quad 求める確率は，\frac{1}{n}$$

例題 9-1 集合の利用①

n を2以上の自然数とする．n 個のサイコロを同時に投げるとき，次の確率を求めよ．
(1) 少なくとも1個は1の目が出る確率．
(2) 出る目の最小値が2である確率．
(3) 出る目の最小値が2かつ最大値が5である確率． （滋賀大）

● ヒント　「出る目の最小値が ⚁」→「**出る目がすべて ⚁ 以上**」−「**出る目がすべて ⚂ 以上**」と考えよう！

――▶ 解答 ◀――

(1) 余事象である「⚀ の目が出ない」確率は $\left(\dfrac{5}{6}\right)^n$

∴ 求める確率は $1-\left(\dfrac{5}{6}\right)^n$

(2) A：「全ての目が ⚁ 以上」
　　B：「全ての目が ⚂ 以上」
と事象を設定すると，
「最小値が ⚁」は，$A\cap\overline{B}$．　…①
$A\supset B$ であるから，
∴ $P(A\cap\overline{B})=P(A)-P(B)=\left(\dfrac{5}{6}\right)^n-\left(\dfrac{4}{6}\right)^n=\dfrac{5^n-4^n}{6^n}$ …②

(3) C：「全ての目が ⚁ ～ ⚄」
　　D：「全ての目が ⚁ ～ ⚃」
　　E：「全ての目が ⚂ ～ ⚄」
と事象を設定すると，
「最小値が ⚁ かつ最大値が ⚄」は，$C\cap(\overline{D\cup E})$．　…③
$P(C\cap(\overline{D\cup E}))=P(C)-P(D\cup E)$　…④
　ここで，$P(D\cup E)=P(D)+P(E)-P(D\cap E)$ であり，
$D\cap E$：「全ての目が ⚂ ～ ⚃」
であるから，$P(D\cup E)=P(D)+P(E)-P(D\cap E)=\left(\dfrac{3}{6}\right)^n+\left(\dfrac{3}{6}\right)^n-\left(\dfrac{2}{6}\right)^n$

∴ $P(C\cap(\overline{D\cup E}))=P(C)-P(D\cup E)=\dfrac{4^n-2\cdot 3^n+2^n}{6^n}$

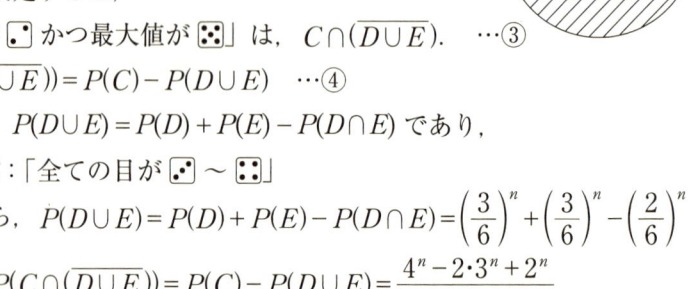

解法のポイント

● 1

　一般に，集合は「**否定表現**」や「**全称表現**」を設定すると有効なことが多い．

● 2

　①②③④はベン図を描きながら，**集合の演算**を考える．

● 3

　▶解答◀では，確率の乗法定理で考えたが，場合の数から考えても同様に解ける．

解法のフロー

n 個のサイコロの目の **最大値・最小値** ▶ **事象を集合として** 設定する ▶ **集合の演算**を利用して計算する

演習 9-1

　1から6までの目が等しい確率で出るサイコロを4回投げる試行を考える．
(1)　出る目の最大値が6である確率を求めよ．
(2)　出る目の最小値が1で，かつ最大値が6である確率を求めよ．

（北海道大）

例題 9-2 集合の利用②

1から9までの番号を付けた9枚のカードがある．この中から無作為に4枚のカードを同時に取り出し，カードに書かれた4つの番号の積を X とおく．
(1) X が5の倍数になる確率を求めよ．
(2) X が10の倍数になる確率を求めよ．
(3) X が6の倍数になる確率を求めよ． （千葉大）

● ヒント　「積が5の倍数」 → 「5のカード」の有無に注目！
　　　　　「積が10の倍数」 → (1)と，**余事象**の考え方を利用しよう！
　　　　　「積が6の倍数」
　　　　　　→ 「2, 4, 8のカード」「3のカード」「6のカード」の有無に注目！

──▶ 解答 ◀──

9枚のカードから4枚を取り出す全場合の数は　${}_9C_4$（通り）

(1) X が5の倍数になるのは，5を含む場合である．
　　残り3枚のカードを取り出し方　${}_8C_3$ 通り
　　∴　求める確率は　$\dfrac{{}_8C_3}{{}_9C_4} = \dfrac{56}{126} = \dfrac{4}{9}$

(2) X が5の倍数になる場合のうち，X が10の倍数でないのは，残り3枚を 1, 3, 7, 9 の4枚から取り出すとき．その場合の数は　${}_4C_3 = 4$（通り）
　　∴　求める確率は　$\dfrac{{}_8C_3 - {}_4C_3}{{}_9C_4} = \dfrac{56-4}{126} = \dfrac{52}{126} = \dfrac{26}{63}$

(3) 余事象である「X が6の倍数にならない」確率を考える．

　　A：「2, 4, 8を含まない」
　　B：「3, 9を含まない」
　　C：「6を含まない」

と事象を設定すると，X が6の倍数にならないのは，$(A\cup B)\cap C$

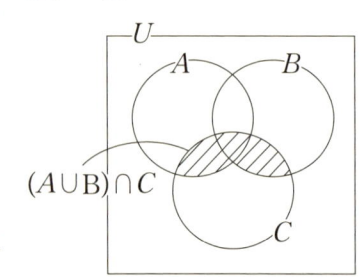

$$P((A\cup B)\cap C) = P(A\cap C) + P(B\cap C) - P(A\cap B\cap C) \quad \cdots ①$$
$$= \dfrac{{}_5C_4}{{}_9C_4} + \dfrac{{}_6C_4}{{}_9C_4} - 0 = \dfrac{10}{63}$$

∴　求める確率は　$1 - \dfrac{10}{63} = \dfrac{53}{63}$

解法のポイント

● 1

(2) ▶解答◀ は(1)を利用しているが,
D:「2, 4, 6, 8 を含まない」
E:「5 を含まない」
と設定すると,
「X が 10 の倍数とならない」のは, $D \cup E$ であることから,
$$P(D \cup E) = P(D) + P(E) - P(D \cap E) = \frac{{}_5C_4}{{}_9C_4} + \frac{{}_8C_4}{{}_9C_4} - \frac{{}_4C_4}{{}_9C_4} = \frac{37}{63}$$
∴ 求める確率は $1 - \dfrac{37}{63} = \dfrac{26}{63}$ と求めてもよい.

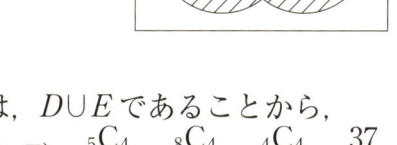

● 2

(3)において, $A \cap B \cap C$ は「2, 3, 4, 6, 8, 9 を含まない」場合となるが, 残り 1, 5, 7 の 3 枚から 4 枚取り出すことは不可能なので,

①において $P(A \cap B \cap C) = 0$ となる.

解法のフロー

積が n の倍数となる確率 → n を構成する素因数に注目 → 集合などを利用して計算する

演習 9-2

サイコロを繰り返し n 回振って, 出た目の積を X とする.
(1) X が 3 で割りきれる確率 p_n を求めよ.
(2) X が 6 で割りきれる確率 q_n を求めよ.
(3) X が 4 で割りきれる確率 r_n を求めよ.

(京都大)

例題 9-3 特殊な確率計算

A，B，Cの3人が次のように勝負を繰り返す．1回目にはAとBの間で硬貨投げにより勝敗を決める．2回目以降には，直前の回の勝者と参加しなかった残りの1人との間で，やはり硬貨投げにより勝敗を決める．この勝負を繰り返し，誰かが2連勝すると優勝とする．1回目にAが勝ったとき，Aが優勝する確率を求めよ． （北海道大）

● ヒント　無限に続くかもしれない試行　→　「はじめ」と，「一定の試行後のある瞬間」が**同じ状況である**ことを利用しよう！

▶解答 1◀

1回目にAが勝ったという条件のもと，その後，最終的にAがどこかで2連勝して，優勝する確率を P とすると，

$P = (2\text{試合目に A が勝つ}) +$
$\quad (C \to B \to A \text{の順で勝ち}) \times P$

と表現できるので，

$P = \dfrac{1}{2} + \left(\dfrac{1}{2}\right)^3 P$

が成立する．（右図参照）

∴ $P = \dfrac{4}{7}$

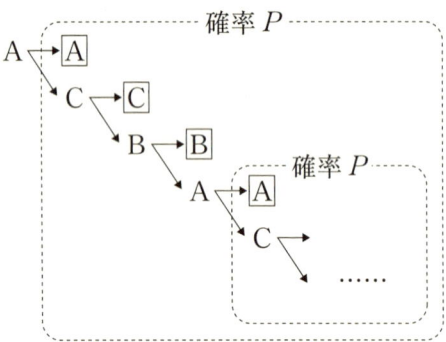

▶解答 2#◀

1回目にAが勝ったという条件のもと，その後，最終的にAがどこかで2連勝して，優勝する確率を P とすると，

$P = (2\text{試合目に A が勝つ}) + (C \to B \to A \text{の順で勝ち}) \times (\text{A が勝つ})$
$\qquad + (C \to B \to A \to C \to B \to A \text{の順で勝ち}) \times (\text{A が勝つ}) + \cdots$

$\Leftrightarrow \quad P = \dfrac{1}{2} + \left(\dfrac{1}{2}\right)^3 \cdot \dfrac{1}{2} + \left(\dfrac{1}{2}\right)^6 \cdot \dfrac{1}{2} + \cdots$

$\qquad = \displaystyle\lim_{n \to \infty} \sum_{k=1}^{n} \left(\dfrac{1}{2} \cdot \left(\dfrac{1}{8}\right)^{k-1}\right) = \lim_{n \to \infty} \dfrac{\dfrac{1}{2}\left(1 - \left(\dfrac{1}{8}\right)^n\right)}{1 - \left(\dfrac{1}{8}\right)} = \dfrac{4}{7}$

解法のポイント

● 1

▶解答1◀ の難しさは，「決定できないかもしれない確率 P」の存在を前提にして，**P を P 自身を用いて表現**しているところにある．

● 2

▶解答2#◀ では，「初項 $\frac{1}{2}$ で公比 $\frac{1}{8}$ の無限等比級数（数Ⅲ）」と捉えて計算をしている．

● 3

本問は，「巴戦の確率」と呼ばれるものである．

解法のフロー

| 無限に続くかもしれない試行 | → | ある瞬間と同じ状況の**一定試行後のある瞬間**を探す | → | **方程式**を立式し，それを解く |

演習 9-3

3枚のカードのうち，1枚目のカードは両面とも赤色，2枚目は両面とも白色，残りの1枚は片面が赤色で，その裏は白色である．これら3枚のカードの順序も表裏もデタラメにして，1枚を取り出したら1つの面が赤色であった．その裏が白色である確率を求めよ． （自治医大）

Memo

§10 確率⑤

■ 確率の応用問題

代表的な確率の応用問題としては,

　「確率の最大問題」

　「視覚化が有効な問題」

　「確率漸化式」

などがあげられる.

ex 自然数 n に関して,ある事象が起こる確率を P_n とする. $\dfrac{P_{k+1}}{P_k} = \dfrac{10-k}{3+2k}$ と表されるとき,確率 P_n が最大となる n を求めよ.

　　→ k に自然数を代入して,値を調べると,

$$\dfrac{P_2}{P_1} = \dfrac{9}{5} > 1, \quad \dfrac{P_3}{P_2} = \dfrac{8}{7} > 1, \quad \dfrac{P_4}{P_3} = \dfrac{7}{9} < 1, \quad \dfrac{P_5}{P_4} = \dfrac{6}{11} < 1, \quad \cdots$$

より, $P_1 < P_2 < P_3 > P_4 > P_5 > \cdots$

　　　　　　　∴ P_n が最大となる n は $n=3$

例題 10-1 確率の最大

サイコロを100回振るとき，1の目がちょうど k 回出る確率を p_k とする．

(1) 比 $\dfrac{p_{k+1}}{p_k}$ の値を k の式で表せ．ただし，$1 \leq k \leq 99$ とする．

(2) p_k が最大となる k の値を求めよ．

● ヒント　確率の最大最小
→ $\dfrac{p_{k+1}}{p_k}$ を立式し，1との大小を考えることで，p_n の増減を調べよう！

▶ 解答 1 ◀

(1) $p_k = {}_{100}\mathrm{C}_k \left(\dfrac{1}{6}\right)^k \left(\dfrac{5}{6}\right)^{100-k} = {}_{100}\mathrm{C}_k \times \dfrac{5^{100-k}}{6^{100}}$ …①

$\therefore \quad \dfrac{p_{k+1}}{p_k} = \dfrac{{}_{100}\mathrm{C}_{k+1} \times \dfrac{5^{99-k}}{6^{100}}}{{}_{100}\mathrm{C}_k \times \dfrac{5^{100-k}}{6^{100}}} = \dfrac{k!(100-k)!}{(k+1)!(99-k)!} \cdot \dfrac{1}{5} = \dfrac{100-k}{k+1} \cdot \dfrac{1}{5} = \dfrac{100-k}{5(k+1)}$

(2) $\dfrac{p_{k+1}}{p_k} > 1$ とすると $100 - k > 5k + 5 \iff k < \dfrac{95}{6}$

k は自然数であるから $1 \leq k \leq 15$

よって，$1 \leq k \leq 15$ のとき $p_k < p_{k+1}$，$16 \leq k \leq 99$ のとき $p_k > p_{k+1}$

$\therefore \quad p_0 < p_1 < p_2 < \cdots\cdots < p_{15} < p_{16} > p_{17} > \cdots\cdots > p_{100}$

この不等式から，p_k が最大となる k の値は $k = 16$．

▶ 解答 2 ◀

(2) $p_{k+1} - p_k = {}_{100}\mathrm{C}_{k+1} \cdot \dfrac{5^{99-k}}{6^{100}} - {}_{100}\mathrm{C}_k \cdot \dfrac{5^{100-k}}{6^{100}}$

$= \dfrac{100! \cdot 5^{99-k}}{6^{100}(100-k)!(k+1)!}((100-k) - 5(k+1))$

$= \dfrac{100! \cdot 5^{99-k}}{6^{100}(100-k)!(k+1)!}(95 - 6k)$

よって，$1 \leq k \leq 15$ のとき，$p_{k+1} - p_k > 0$．

$\therefore \quad p_0 < p_1 < p_2 < \cdots\cdots < p_{15} < p_{16} > p_{17} > \cdots\cdots > p_{100}$

この不等式から，p_k が最大となる k の値は $k = 16$．

解法のポイント

● 1

①では反復試行の確率を考えている．

● 2

▶解答1◀のように「$\dfrac{p_{k+1}}{p_k}$ と1との大小」を考えるかわりに，
▶解答2◀のように「$p_{k+1}-p_k$ と0との大小」を考えてもよい．
（この場合は(1)の誘導を用いないことになる．）

● 3

「確率の最大問題」は，本問(1)のような誘導がなくても解けるようにしておく．

解法のフロー

確率 P_n の最大 → $\dfrac{p_{k+1}}{p_k}$ と1との大小を調べる → 増減を考えて最大（最小）のときの n を定める

演習 10-1

サイコロを20個同時に投げたとき，ちょうど n 個のサイコロの目が1となる確率を p_n とする．

p_n が最大となるときの n の値を求めよ． （早稲田大）

例題 10-2 視覚化する

数直線上を点Pが1ステップごとに，+1または−1だけそれぞれ $\frac{1}{2}$ の確率で移動する．数直線上の値が3の点をAとして，PがAにたどり着くと停止する．

(1) Pが原点Oから出発して，ちょうど5ステップでAにたどり着く確率を求めよ．

(2) Pが原点Oから出発して，ちょうど6ステップで値が2の点Bにたどり着く確率を求めよ．

（東北大）

● ヒント　点の移動とその確率　→　**ダイヤグラム**を描いて（**視覚化**して）考えよう！

▶ 解答 ◀

ステップの数を横軸に，点Pの数直線上の値を縦軸にとってダイヤグラムを考える．

(1) ちょうど5ステップで値が3の点Aにたどり着くのは右図の実線の経路を通る場合で，全部で3通り．

1つの経路を通る確率はそれぞれ $\frac{1}{2^5}$ であるから，

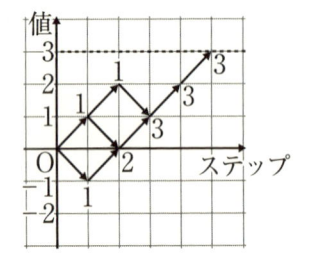

∴ 求める確率は　$\frac{1}{2^5} \times 3 = \frac{3}{32}$

(2) ちょうど6ステップで値が2の点Bにたどり着くのは，5ステップで値が1の点にたどり着いている場合である．

この場合の数は，右図から全部で9通り

1つの経路を通る確率はそれぞれ $\frac{1}{2^6}$ であるから，

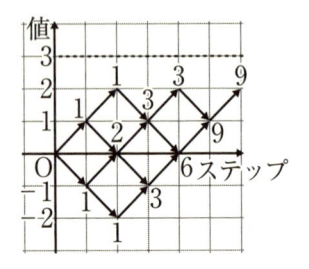

∴ 求める確率は　$\frac{1}{2^6} \times 9 = \frac{9}{64}$

● 解法のポイント

● 1

本問は結局，経路数の問題に帰着させている．（ 1-3 ）
書き込み式で経路数を求めているが，C（コンビネーション）を用いて考えてもよい．

● 2

「点の移動とその確率」の問題の中でも，本問のように「PがAにたどり着くと停止」の条件があるとき，このような"視覚化"が特に有効となる．

● 3

原題では，
「(3) Pが原点Oから出発して，8ステップ以上移動する確率を求めよ．」が追加されている．（答は $\frac{91}{128}$ ）

● 解法のフロー

点の動きなどに関する確率 ▷ ダイヤグラムを利用して視覚化する ▷ 場合の数の解法を利用して考える

演習 10-2

n 本のロープがあり，2つ折りにしてロープの端をそろえてある．ロープの端をでたらめに2つずつ選んで結んでいき，1度結んだ端を2度選ばずに n 個の結び目を作る．n 本のロープがすべてつながって1つの輪ができる確率を $P(n)$ とする．
(1) $P(3)$ を求めよ． (2) $P(4)$ を求めよ． (3) $\dfrac{P(n+1)}{P(n)}$ を求めよ．

例題 10-3# 確率漸化式

サイコロを n 回投げたとき 1 の目が偶数回出る確率を p_n とする．ただし 1 の目が全く出なかった場合は偶数回出たと考えることにする．

(1) p_1 を求めよ．
(2) p_{n+1}, p_n の間に $p_{n+1} = \dfrac{5}{6} p_n + \dfrac{1}{6}(1-p_n)$ という関係があることを示せ．
(3) p_n $(n=1, 2, 3, \cdots\cdots)$ を求めよ．　　　　　　　　　　(一橋大)

● ヒント　n の変化に伴い，遷移する確率 p_n → **最後の 1 回で場合分け**して，ダイヤグラムを描き**確率漸化式を立式**しよう！

―▶ 解答# ◀―

(1) $p_1 = 1 - \dfrac{1}{6} = \dfrac{5}{6}$

(2) $(n+1)$ 回中，1 の目が偶数回出るのは
　（ⅰ）n 回までで 1 の目が偶数回出て，$(n+1)$ 回目に 1 以外の目が出る．
　（ⅱ）最初の n 回中，1 の目が奇数回出て，$(n+1)$ 回目に 1 の目が出る．
よって，右図のダイヤグラムが描ける．

∴　$p_{n+1} = \dfrac{5}{6} p_n + \dfrac{1}{6}(1-p_n)$．

(3) $p_{n+1} = \dfrac{5}{6} p_n + \dfrac{1}{6}(1-p_n)$

$\Leftrightarrow\ p_{n+1} = \dfrac{2}{3} p_n + \dfrac{1}{6}\ \Leftrightarrow\ p_{n+1} - \dfrac{1}{2} = \dfrac{2}{3}\left(p_n - \dfrac{1}{2}\right)$　…①

ここで，$q_n = p_n - \dfrac{1}{2}$ として，

① $\Leftrightarrow\ q_{n+1} = \dfrac{2}{3} q_n$　また　$q_1 = p_1 - \dfrac{1}{2} = \dfrac{5}{6} - \dfrac{1}{2} = \dfrac{1}{3}$

$\{q_n\}$ は初項 $\dfrac{1}{3}$ 公比 $\dfrac{2}{3}$ の等比数列なので，$q_n = \dfrac{1}{3}\left(\dfrac{2}{3}\right)^{n-1} = p_n - \dfrac{1}{2}$

∴　$p_n = \dfrac{1}{3}\left(\dfrac{2}{3}\right)^{n-1} + \dfrac{1}{2}$

解法のポイント

● 1

①は,「$a_{n+1} = pa_n + q$ 型漸化式」の典型的解法に従っている.
(数学 B)

● 2

「場合の数漸化式」(5-3) と「確率漸化式」の解法の違いに注意する.
「場合の数漸化式」→ **はじめの1手**で場合分け
「確率漸化式」→ **最後の1回**で場合分け

● 3

確率漸化式の問題は,本問のように誘導がなくてもできるようにしておく.

解法のフロー

| n の変化に伴い遷移する確率 P_n | → | 最後の1回で場合分けをする | → | 漸化式を立式して解く |

演習 10-3#

四角形 ABCD を底面とする四角錐 OABCD を考える.点 P は時刻 0 では頂点 O にあり,1秒ごとに次の規則に従ってこの四角錐の5つの頂点のいずれかに移動する.

　規則:点 P のあった頂点と1つの辺によって結ばれる頂点の1つに,
　　　等しい確率で移動する.

このとき,n 秒後に点 P が頂点 O にある確率を求めよ. （京都大）

Memo

発展演習

発展演習 1

ある囲碁大会で，5つの地区から男女が各1人ずつ選抜されて，男性5人と女性5人のそれぞれが異性を相手とする対戦を1回行う．その対戦組み合わせを無作為な方法で決めるとき，同じ地区同士の対戦が含まれない組み合わせの場合の数を求めよ． （早稲田大）

発展演習 2

次の条件を満たす正の整数全体の集合をSとおく．
「各桁の数字は互いに異なり，どの2つの桁の数字の和も9にならない．」
ただし，Sの要素は10進法で表す．また，1桁の正の整数はSに含まれるとする．
(1) Sの要素でちょうど4桁のものは何個あるか．
(2) 小さい方から数えて2000番目のSの要素を求めよ． （東京大）

発展演習 3

赤玉2個，青玉2個，白玉3個の合わせて7個の玉を横1列に並べる．
(1) 赤玉どうしが隣り合う並べ方は何通りか．
(2) 赤玉どうしが隣り合い，青玉どうしも隣り合う並べ方は何通りか．
(3) 赤玉どうし，青玉どうしがそれぞれ隣り合い，白玉どうしは隣り合わない並べ方は何通りか．
(4) 白玉どうしが隣り合わない並べ方は何通りか．
(5) 赤玉どうしが隣り合い，白玉どうしが隣り合わない並べ方は何通りか．
(6) 同じ色の玉が隣り合わない並べ方は何通りか． （上智大）

発展演習 4

n を正の整数とし，n 個のボールを 3 つの箱に分ける．ただし，ボールが入らない箱があってもよい．

(1) 1 から n まで異なる番号のついた n 個のボールを，A，B，C と区別された 3 つの箱に入れる場合，その入れ方は全部で何通りあるか．

(2) 互いに区別のつかない n 個のボールを，A，B，C と区別された 3 つの箱に入れる場合，その入れ方は全部で何通りあるか．

(3) 1 から n まで異なる番号のついた n 個のボールを，区別のつかない 3 つの箱に入れる場合，その入れ方は全部で何通りあるか．（東京大）

発展演習 5#

先頭車両から順に 1 から n までの番号のついた n 両編成の列車がある．ただし $n \geq 2$ とする．各車両を赤色，青色，黄色のいずれか 1 色で塗るとき，隣り合った車両の少なくとも一方が赤色となるような色の塗り方は何通りか．（京都大）

発展演習 6

3人でじゃんけんをする．一度じゃんけんで負けたものは，以後のじゃんけんから抜ける．残りが1人になるまでじゃんけんを繰り返し，最後に残ったものを勝者とする．ただし，あいこの場合も1回のじゃんけんを行ったと数える．

(1) 2回目のじゃんけんで勝者が決まる確率を求めよ．
(2) $n \geq 4$ とする．n回目のじゃんけんで勝者が決まる確率を求めよ．

(東北大)

発展演習 7

スイッチを1回押すごとに，赤，青，黄，白のいずれかの色の玉が1個，等確率 $\dfrac{1}{4}$ で出てくる機械がある．2つの箱LとRを用意する．次の3種類の操作を考える．

(A) 1回スイッチを押し，出てきた玉をLに入れる．
(B) 1回スイッチを押し，出てきた玉をRに入れる．
(C) 1回スイッチを押し，出てきた玉と同じ色の玉が，Lになければその玉をLに入れ，Lにあればその玉をRに入れる．

(1) LとRは空であるとする．操作(A)を5回行い，さらに操作(B)を5回行う．このときLにもRにも4色すべての玉が入っている確率 P_1 を求めよ．

(2) LとRは空であるとする．操作(C)を10回行う．このときLにもRにも4色すべての玉が入っている確率を P_2 とする．$\dfrac{P_2}{P_1}$ を求めよ．

(東京大)

発展演習 8

　コンピュータの画面に，記号○と×のいずれかを表示させる操作を繰り返し行う．このとき，各操作で，直前の記号と同じ記号を続けて表示する確率は，それまでの経過に関係なく，p であるとする．

　最初に，コンピュータの画面に記号×が表示された．操作を繰り返し行い，記号×が最初のものも含めて3個出るよりも前に，記号○が n 個出る確率を P_n とする．ただし，記号○が n 個出た段階で操作は終了する．
(1) P_2 を p で表せ．　　(2) $n≧3$ のとき，P_n を p と n で表せ．（東京大）

発展演習 9

　n 枚の100円玉と $n+1$ 枚の500円玉を同時に投げたとき，表の出た100円玉の枚数より表の出た500円玉の枚数の方が多い確率を求めよ．

（京都大）

発展演習 10#

(1) サイコロを $n(n≧3)$ 回ふって出た目の数字を1列に並べる．隣り合う2数がすべて異なる確率 a_n を求めよ．
(2) サイコロを $n(n≧3)$ 回ふって出た目の数字を円周上に並べる．隣り合う2数がすべて異なる確率を b_n とする．(1)の確率 a_n を b_n と b_{n-1} を用いて表せ．また b_n を n の式で表せ．　　（お茶の水女子大）

▶著者プロフィール◀

松田 聡平（まつだ そうへい）

東進ハイスクール・東進衛星予備校・東進東大特進コース，河合塾　数学講師．
京都市生まれ．東京大学大学院工学系研究科博士課程満期．
毎年，全国の数万人の受験生を対象に，基礎レベルから東大レベルまでを担当し，特に上位層からは，その「射程の長い，本質的な数学」は高い評価を得ている．
教育コンサルタント，イラストレーターとしても活躍．
著書の『松田の数学ⅠAⅡB典型問題 Type100』（東進ブックス）は，受験生必携の書．

場合の数・確率　解法のパターン 30

2015年9月25日　　初 版　第1刷発行
2024年9月 4日　　初 版　第3刷発行

著　者　　松田 聡平（まつだ そうへい）
発行者　　片岡　巌
発行所　　株式会社技術評論社
　　　　　東京都新宿区市谷左内町21-13
　　　　　電話　03-3513-6150　販売促進部
　　　　　　　　03-3267-2270　書籍編集部
印刷／製本　昭和情報プロセス株式会社

定価はカバーに表示してあります．

本書の一部または全部を著作権法の定める範囲を超え，無断で複写，複製，転載，テープ化，ファイルに落とすことを禁じます．

©2015　（株）建築と数理

> 造本には細心の注意を払っておりますが，万一，乱丁（ページの乱れ）や落丁（ページの抜け）がございましたら，小社販売促進部までお送りください．送料小社負担にてお取り替えいたします．

- 装丁　　下野ツヨシ（ツヨシ＊グラフィックス）
- 本文デザイン、DTP　株式会社 RUHIA

ISBN978-4-7741-7577-5　C7041
Printed in Japan

単元攻略
場合の数・確率
解法のパターン 30

● 別冊
演習と発展演習の
解答・解説

技術評論社

演習 1-1

200 から 800 までの整数のうち,8 の倍数全体の集合を A,12 の倍数全体の集合を B,15 の倍数全体の集合を C とする.

(1) $n(A) = {}^{ア}\boxed{}$, $n(B) = {}^{イ}\boxed{}$, $n(C) = {}^{ウ}\boxed{}$ である.

(2) $n(A \cap B) = {}^{エ}\boxed{}$, $n(B \cap C) = {}^{オ}\boxed{}$, $n(C \cap A) = {}^{カ}\boxed{}$ である.

(3) $n(A \cup B \cup C) = {}^{キ}\boxed{}$ である.

● ヒント　ベン図を描いて考えよう.

── ▶ 解答 ◀ ──

$A = \{8 \times 25, \cdots\cdots, 8 \times 100\}$
$B = \{12 \times 17, \cdots\cdots, 12 \times 66\}$
$C = \{15 \times 14, \cdots\cdots, 15 \times 53\}$

(1) $n(A) = 100 - 24 = {}^{ア}76$
$n(B) = 66 - 16 = {}^{イ}50$
$n(C) = 53 - 13 = {}^{ウ}40$

(2) $A \cap B = \{24 \times 9, \cdots\cdots, 24 \times 33\}$,
$B \cap C = \{60 \times 4, \cdots\cdots, 60 \times 13\}$,
$C \cap A = \{120 \times 2, \cdots\cdots, 120 \times 6\}$ であるから,
$n(A \cap B) = 33 - 8 = {}^{エ}25$,
$n(B \cap C) = 13 - 3 = {}^{オ}10$,
$n(C \cap A) = 6 - 1 = {}^{カ}5$

(3) $8 = 2^3$, $12 = 2^2 \cdot 3$, $15 = 3 \cdot 5$ の最小公倍数は　$2^3 \cdot 3 \cdot 5 = 120$
$\therefore \ A \cap B \cap C = C \cap A$

$n(A \cup B \cup C) = n(A) + n(B) + n(C)$
$\qquad\qquad\qquad - n(A \cap B) - n(B \cap C) - n(C \cap A) + n(A \cap B \cap C)$
$\qquad\qquad = 76 + 50 + 40 - 25 - 10 - 5 + 5 = {}^{キ}131$

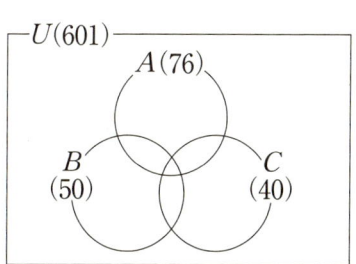

演習 1-2

図のように4つの領域を塗り分けた旗を作る場合，以下の問いに答えよ．

ただし，絵の具どうしを混ぜないこととする．

(1) 異なる4色の絵の具すべてを使い，すべての領域を異なる色で塗り分ける場合は何通りか．
(2) 異なる4色の絵の具のうち，何色かを使い，隣り合う領域を異なる色で塗り分ける場合は何通りか．
(3) 異なる6色の絵の具のうち何色かを使い，隣り合う領域を異なる色で塗り分ける場合は何通りか．

● ヒント　影響の強い領域から順番に，場合の数を掛けていって考えよう！

──▶ 解答 ◀──

(1) 4つの領域を順に塗っていくことを考える．（どういう順番でも良い）
$$4 \cdot 3 \cdot 2 \cdot 1 = 24 \text{（通り）}$$

(2) 他の領域に与える影響が大きいのは三角形の領域なので，この領域から順番に，右図①→②→③→④の順で考える．

①の塗り方は4通り，②の塗り方①の色以外の3通り，③の塗り方①②の色以外の2通り，④の塗り方①③の色以外の2通り

計算すると，$4 \cdot 3 \cdot 2 \cdot 2 = 48$（通り）

(3) ①→②→③→④の順で考える．

①の塗り方は6通り，②の塗り方①の色以外の5通り，

③の塗り方①②の色以外の4通り，④の塗り方①③の色以外の4通り

計算すると，$6 \cdot 5 \cdot 4 \cdot 4 = 480$（通り）

＊ (2)(3)は，「何色使うか」で場合分けして，PやCを用いて計算することもできる．

演習 1-3

a, b, c, d, e の 5 文字を並べたものを，アルファベット順に，1 番目 abcde, 2 番目 abced, ……, 120 番目 edcba と番号を付ける．
(1) cbeda は何番目か．
(2) 40 番目は何か．

● ヒント　辞書式に小刻みに数えていこう！

解答

(1)　a□□□□　…　$4×3×2×1=24$（個）

　　　b□□□□　…　24（個）

　　　c a□□□　…　$3×2×1=6$（個）

　　　c b a□□　…　$2×1=2$（個）

　　　c b d□□　…　2（個）

その後 cbead, cbeda となるから
$24+24+6+2+2+2=60$（番目）

(2)　a□□□□

の形の文字列は，24 個．

40 番目の文字列は b□□□□ の形の文字列の 16 番目．

　b a□□□, b c□□□

の形の文字列は，それぞれ 6 個ずつあるから，

40 番目の文字列は b d□□□ の形の文字列の 4 番目．

　b d a□□, b d c□□

の形の文字列はそれぞれ 2 個ずつある．

∴　40 番目は　bdcea

＊　「115 番目は何か」のように 120 番目に近い数字だと，後ろから考えていくほうが要領よく求まる．

演習 2-1

Ⅰ 右図の中の平行線によって作られる正方形でない長方形の個数を求めよ．

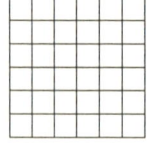

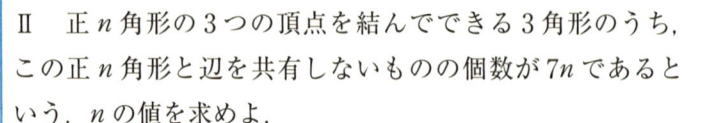

Ⅱ 正n角形の3つの頂点を結んでできる3角形のうち，この正n角形と辺を共有しないものの個数が$7n$であるという．nの値を求めよ．

（関西大）

● ヒント　Ⅰ 縦2本，横2本を選ぶと長方形が作れる．

　　　　　Ⅱ ある頂点Aを固定して，残り2点の選び方を考えよう．

— ▶ 解答 ◀ —

Ⅰ 縦7本から2本の選び方…$_7C_2 = 21$ 通り

　横7本から2本の選び方…$_7C_2 = 21$ 通り

　∴ 4角形は $21^2 = 441$ コ

　このうち 正方形となるのは

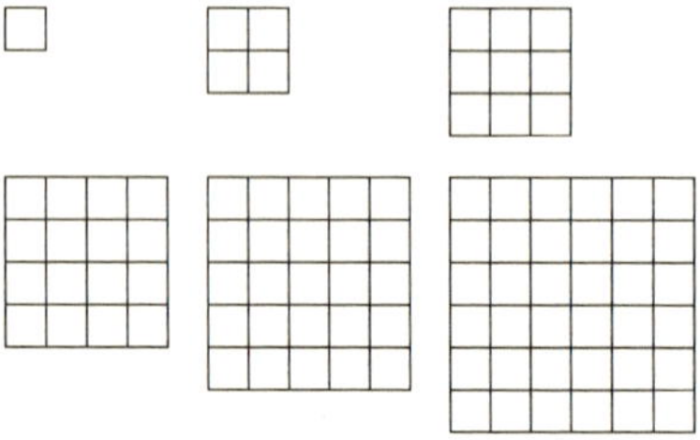

　　　　・1マス…36コ
　　　　・4マス…25コ
　　　　・9マス…16コ
　　　　・16マス…9コ
　　　　・25マス…4コ
　　　　・36マス…1コ　の91コ

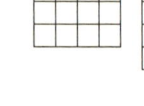

　∴ 正方形でない長方形の個数は $441 - 91 = 350$（個）

Ⅱ Aを選ぶとすると

　残り2点はA, B, C以外から選ぶので　$_{n-3}C_2$ 通り

　このうち，残り2点が隣り合うのは　$n-4$ 通り

　A以外の点でも同様に考えて　$n \cdot (_{n-3}C_2 - (n-4))$ 通り

　ただし，すべての3角形は3回ずつ数えられているので重複数3．

　$\dfrac{n \cdot (_{n-3}C_2 - n + 4)}{3} = 7n$

　$\Leftrightarrow n^2 - 9n - 22 = 0$　（∵ $n \neq 0$）

　$\Leftrightarrow (n-11)(n+2) = 0$

　∴ $n = 11$

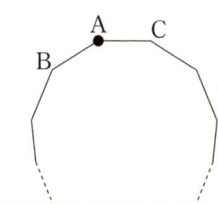

演習 2-2

science の 7 個の文字を並べる．
(1) 1 列に並べるとき，並べ方は何通りか．
(2) 両端が同じ文字になるような 1 列の並べ方は何通りか．
(3) s が i より左にあり，n が i より右にある並べ方は何通りか．

● ヒント　"s が i より左にあり…"は，まず○として考えて，後から入れることを考えよう！

──▶ 解答 ◀──

(1) science は，c, e が各 2 個，i, n, s が各 1 個あるので

$$\frac{7!}{2!2!} = \frac{7 \cdot 6 \cdot 5 \cdot 4 \cdot 3 \cdot 2 \cdot 1}{2 \cdot 1 \cdot 2 \cdot 1} = 1260 \text{ (通り)}$$

(2) まず，両端の c を固定する．
c □□□□□ c における．
□□□□□ に s, i, e, n, e を並べることを考えて．

$$\frac{5!}{2!} = \frac{5 \cdot 4 \cdot 3 \cdot 2 \cdot 1}{2 \cdot 1} = 60 \text{ (通り)}$$

両端が e のときも同様に考えて，
∴　60 × 2 = 120 （通り）

(3) s, i, n が入る場所を○として，
○, ○, ○, c, c, e, e,
を並べる順列を考えると，

$$\frac{7!}{3!2!2!} = 210 \text{ (通り)}$$

3 つの○には，左から s, i, n の順に入るので 1 （通り）
∴　210 （通り）

---

* (1) のうち s, i, n の 3 つだけの順序に注目すると，3! = 6 通りあることから，(3) は，(1) を 6 で割ることによっても求まる．

演習 2-3

右の図のように同じ大きさの5つの立方体からなる立体に沿って最短距離で行く経路について考える． 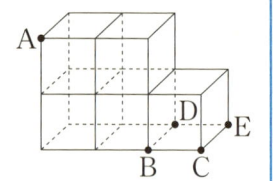
(1) 点Aから点Bまでの経路は何通りか．
(2) 点Aから点Cまでの経路は何通りか．
(3) 点Aから点Dまでの経路は何通りか．
(4) 点Aから点Eまでの経路は何通りか．

ヒント 経路数の問題は「同じものを含む順列」を用いよう！
複雑なときは場合分けを用いて考えよう！

▶解答◀

(1) $\dfrac{4!}{2!2!} = 6$（通り）

(2) AからCまでの最短経路は，
A→F→G→C, A→B→Cの場合に分けられる． 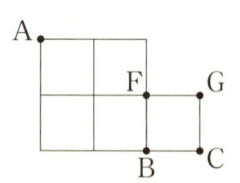
$$\therefore \quad \dfrac{3!}{2!1!} + \dfrac{4!}{2!2!} = 9 \text{（通り）}$$

(3) 奥へ1区画進むことを↗で表す．
AからDまで行く道順は「→」2コと「↓」2コと「↗」1コの順列を考えて，
$$\therefore \quad \dfrac{5!}{2!2!} = 30 \text{（通り）}$$

(4) AからEまでの最短経路は，
A→C→E, A→D→E, A→G→Eの場合に分けられる．
 (i) A→C→Eの場合 (2)より 9通り
 (ii) A→D→Eの場合 (3)より 30通り
 (iii) A→G→Eの場合
   A→H→GとA→I→Gの場合があるから
   $\dfrac{3!}{2!} + \dfrac{4!}{2!} = 3 + 12 = 15$（通り）

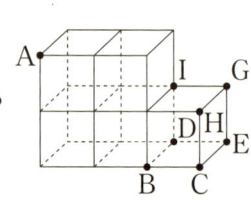

(i)〜(iii)から，$9 + 30 + 15 = 54$（通り）

演習 3-1

a, a, b, b, c, d, e の 7 個の文字すべてを 1 列に並べるとき，次の問いに答えよ．

(1) 並べ方は全部で何通りあるか．
(2) 2つの a が隣り合う並べ方は何通りあるか．
(3) 2つの a が隣り合わず，かつ 2つの b も隣り合わない並べ方は何通りあるか．

（島根大）

● ヒント　"隣り合う" → 「グルーピング」　"隣り合わない" → 「後入れ」
あるいは補集合を考えよう！

解答 1

(1) $\dfrac{7!}{2!2!} = 1260$（通り）

(2) 2つの a を 1 つと考えて　$\dfrac{6!}{2!} = 360$（通り）

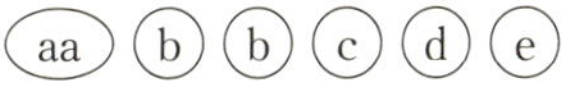

2つの a を「グルーピング」

(3) a が隣り合う並べ方は(2)から 360 通り．
b が隣り合う並べ方も同様に考えて 360 通り．
また，a が隣り合い，かつ b が隣り合う並べ方は，2つの a，2つの b をそれぞれ 1 つと考えて
$5! = 5 \cdot 4 \cdot 3 \cdot 2 \cdot 1 = 120$（通り）

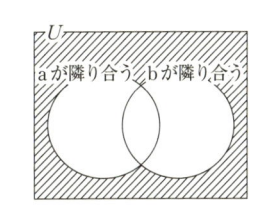

∴ a も b も隣り合わない並べ方は　$1260 - (360 + 360 - 120) = 660$（通り）

解答 2

2つの a が隣り合わない並べ方は，
残りの b, b, c, d, e の間または両端の 6 ヵ所に 2つの a が入ればよいから

$$\dfrac{5!}{2!} \times {}_6C_2 = \dfrac{5!}{2!} \times \dfrac{6!}{2!4!} = 5 \cdot 4 \cdot 3 \times \dfrac{6 \cdot 5}{2} = 900 \text{（通り）}$$

次に，a が隣り合わず，かつ b が隣り合う並べ方は，2つの b を 1 つと考えて

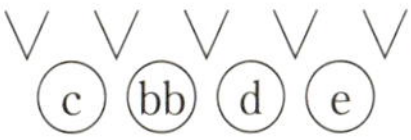

$$4! \times {}_5C_2 = 4! \times \dfrac{5!}{2!3!} = 4 \cdot 3 \cdot 2 \times \dfrac{5 \cdot 4}{2} = 240 \text{（通り）}$$

∴ a も b も隣り合わない並べ方は
$900 - 240 = 660$（通り）

演習 3-2

(1) A, A, B, B, B, B, C の7個を円形に並べる場合の数は何通りあるか．

(2) A, B, C, D, E, F, G の7個を円形に並べる．A と B が隣り合うような並び方は何通りあるか．

(3) A, B, C, D, E, F, G の7個を円形に並べる．A, B, C が隣り合わないような並び方は何通りあるか．

(4) 赤と白のビーズを7個使いネックレスを作る．使わない色があってもよいものとする．ネックレスの作り方は何通りあるか．　　（早稲田大）

● ヒント　円順列は公式よりも「固定する」考え方を利用しよう！

― ▶ 解答 ◀ ―

(1) C を固定すると，①〜⑥に A, A, B, B, B, B を並べる場合の数は
$$\frac{6!}{2!4!} = 15 \text{（通り）}$$

(2) A, B を1つとみて固定すると
①〜⑤に C, D, E, F, G を並べる場合の数は，$5! = 120$
ただし，A, B の入れ替えを考えて，$120 \times 2 = 240$（通り）

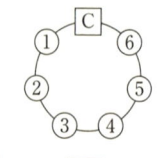

(3) A を固定すると
B, C が入る場所は (②, ④)(③, ⑤)(②, ⑤) の3通り．
どちらに B, C が入るかを考えて2通り．
　残り4か所に残り4つを並べる場合の数は 4! 通り．
　∴ $3 \times 2 \times 4! = 144$（通り）

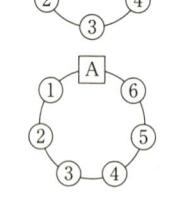

(4) 赤，白の個数で場合分けする．
　(ⅰ) (赤, 白) = (0, 7), (1, 6), (6, 1), (7, 0) のとき，それぞれ1通り．
　(ⅱ) (赤, 白) = (2, 5), (5, 2) のとき，それぞれ3通り．
　(ⅲ) (赤, 白) = (3, 4), (4, 3) のとき，それぞれ4通り．
　(ⅰ)〜(ⅲ) から
　$4 + 6 + 8 = 18$（通り）

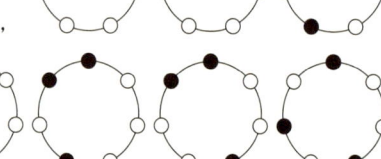

演習 3-3

(1) 1000 から 9999 までの4桁の自然数のうち，1000 や 1212 のようにちょうど2種類の数字から成り立っているものの個数を求めよ．

(2) n 桁の自然数のうち，ちょうど2種類の数字から成り立っているものの個数を求めよ．

（北海道大）

● ヒント 「0 を含まない/含む」で場合分けして重複順列を考えよう！（1種類になってしまう場合に注意）

▶ 解答 1 ◀

(1) （ i ） 0 を含まないとき

2種類の数字の選び方 … $_9C_2 = 36$（通り）

2種類の数字の並べ方 … $2^4 - 2$ ∴ $36 \times (2^4 - 2) = 504$（個）

（ ii ） 0 を含むとき

千の位は，0以外の9通り．

残りの3桁の並べ方 … $2^3 - 1$ ∴ $9 \times (2^3 - 1) = 63$（個）

（ i ），（ ii ）から $504 + 63 = 567$（個）

(2) （ i ） 0 を含まないとき

(1)と同様に $_9C_2 \times (2^n - 2) = 36 \times (2^n - 2)$ 個

（ ii ） 0 を含むとき

(1)と同様に $9 \times (2^{n-1} - 1)$ 個

（ i ），（ ii ）から $36 \times (2^n - 2) + 9 \times (2^{n-1} - 1) = 81(2^{n-1} - 1)$ 個

▶ 解答 2 ◀

(1) 千の位は，1〜9の 9通り

千の位の数を決定すると，もう一つの数の選び方は 9通り．

百，十，一の位の並べ方はそれぞれ $2^3 - 1$ 通り

∴ $9 \times 9(2^3 - 1) = 567$（個）

(2) (1)と同様に

$9 \times 9(2^{n-1} - 1) = 81(2^{n-1} - 1)$ 個

演習 4-1

a, b, c, d, e, f はそれぞれ種類の異なる 6 匹の犬である．これらの犬のうち何匹かを，A，B，C の 3 人が同時に散歩に連れ出す．ただし 1 人が連れ出すことのできる犬の数は 3 匹までである．

(1) A，B，C の各自が 1 匹ずつ散歩に連れ出す方法は何通りあるか．

(2) 2 匹を連れ出す人が 1 人，1 匹だけを連れ出す人が 2 人である場合は何通りあるか．

(3) 6 匹の犬のすべてが散歩に連れ出される方法は何通りあるか．ただし，A，B，C の各自は少なくとも 1 匹の犬を連れ出す． (北里大)

● ヒント 「誰が」の次に「どの犬を」，の順で場合の数を考えよう！

――▶解答◀――

(1) a～f の中から 3 匹を選んで，並べる順列なので
$$_6P_3 = 6 \cdot 5 \cdot 4 = 120 \text{（通り）}$$

(2) A，B，C 3 人の中から，2 匹を連れ出す 1 人を選ぶ方法は $_3C_1 = 3$（通り）
その 2 匹の選び方は $_6C_2 = 15$（通り）
残る 4 匹から 1 匹ずつを選ぶ方法は $_4P_2 = 4 \cdot 3 = 12$（通り）
求める場合の数は $3 \times 15 \times 12 = 540$（通り）

(3) 条件を満たすのは，次の（ⅰ），（ⅱ）のいずれかの場合である．

（ⅰ） 3 人がそれぞれ 1 匹，2 匹，3 匹を連れ出す場合

A，B，C の誰が何匹の犬を連れ出すかを決める方法は $3! = 6$（通り）
そのおのおのに対して，犬の選び方は
$$_6C_1 \times _5C_2 \times _3C_3 = 6 \times 10 \times 1 = 60 \text{（通り）}$$
$$\therefore \quad 6 \times 60 = 360 \text{（通り）}$$

（ⅱ） 3 人とも 2 匹ずつ連れ出す場合
$$_6C_2 \times _4C_2 \times _2C_2 = 15 \times 6 \times 1 = 90 \text{（通り）}$$

（ⅰ），（ⅱ）は背反なので，
求める場合の数は $360 + 90 = 450$（通り）

演習 4-2

9人をいくつかの組に分ける．
(1) 5人，4人の2組に分ける方法は何通りか．
(2) 4人，3人，2人の3組に分ける方法は何通りか．
(3) 3人ずつ A，B，C の3室に入れる方法は何通りか．
(4) 3人ずつの3組に分ける方法は何通りか．
(5) 1人，1人，7人の3つの組に分けるとき，その分け方は全部で何通りか．
(6) 1人，1人，1人，6人の4つの組に分けるとき，その分け方は全部で何通りか．

● ヒント　組分けの問題は，組と要素に関して「区別アリ／ナシ」に注意しよう！

―▶解答◀―

(1) 組は人数が異なるので「区別アリ」．
$$_9C_4 \times {}_5C_5 = 126 \text{（通り）}$$

(2) 組は人数が異なるので「区別アリ」．
$$_9C_4 \times {}_5C_3 \times {}_2C_2 = 1260 \text{（通り）}$$

(3) 組に名前があるので「区別アリ」．
$$_9C_3 \times {}_6C_3 \times {}_2C_2 = 1680 \text{（通り）}$$

(4) (3)から組の区別を外して
$$\frac{1680}{3!} = 280 \text{（通り）}$$

(5) 1人の組2つには名前が付いていないので「区別ナシ」．
まず，「区別アリ」として計算すると，$_9C_1 \times {}_8C_1 \times {}_7C_7 = 72$（通り）
同じ人数の組が2つあるので，この72通りを重複数 2! で割って，
$$72 \div 2! = 36 \text{（通り）}$$

(6) 1人の組3つには名前が付いていないので「区別ナシ」．
まず，「区別アリ」として計算すると，$_9C_1 \times {}_8C_1 \times {}_7C_1 \times {}_6C_6 = 504$（通り）
同じ人数の組が3つあるので，この504通りを重複数 3! で割って，
$$504 \div 3! = 84 \text{（通り）}$$

演習 4-3

(1) $x+y+z=10$ をみたす 0 以上の整数解 (x, y, z) の個数を求めよ．
(2) $x+y+z=10$ をみたす自然数解 (x, y, z) の個数を求めよ．
(3) $x+y+z \leq 10$ をみたす 0 以上の整数解 (x, y, z) の個数を求めよ．
(4) $1 \leq x < y < z \leq 10$ をみたす整数解 (x, y, z) の個数を求めよ．
(5) $1 \leq x \leq y \leq z \leq 5$ をみたす整数解 (x, y, z) の個数を求めよ．（早稲田大）

● ヒント　(1)(2)(3) → 重複組合せの考え方を用いよう！
　　　　　(4) → 「1～10 から 3 つの異なる整数を選ぶ」と考えよう！
　　　　　(5) → 「1～5 から重複許して 3 つの整数を選ぶ」と考えよう！

──▶ 解答 ◀──

(1) 3 種類から重複を許して 10 個選ぶ場合の数と考えて，
$${}_3H_{10} = {}_{12}C_{10} = 66 \text{（通り）}$$

(2) $x=1+x'$, $y=1+y'$, $z=1+z'$ とすると，
$$x'+y'+z'=7 \, (x' \geq 0, \, y' \geq 0, \, z' \geq 0)$$
これは 3 種から重複を許して 7 個選ぶ場合の数であるから，
$${}_3H_7 = {}_9C_7 = 36 \text{（通り）}$$

(3) $x+y+z+\alpha=10 \, (x \geq 0, y \geq 0, z \geq 0, \alpha \geq 0)$
これは 4 種から重複を許して 10 個選ぶ場合の数であるから，
$${}_4H_{10} = {}_{13}C_{10} = 286 \text{（通り）}$$

(4) 1～10 から 3 つの異なる整数を選ぶ場合の数と考えて，
$${}_{10}C_3 = 120 \text{（通り）}$$

(5) 1～5 から重複を許して 3 つの整数を選ぶ場合の数と考えて，
$${}_5H_3 = {}_7C_3 = 35 \text{（通り）}$$

演習 5-1

赤玉が4個，白玉が2個，青玉が1個ある．
(1) これらの中から3個の玉を取り出して円形に並べる方法は何通りあるか．
(2) 7個すべての玉を円形に並べる方法は何通りあるか．
(3) 7個すべての玉にひもを通し，首飾りを作るとき，何通りの首飾りが作れるか．
ただし，裏返して一致する首飾りは同じものとみなす．

● ヒント　(3)は，「裏返して一致するもの／しないもの」に注意して考えよう．

―▶ 解答 ◀―

赤玉をR，白玉をW，青玉をBとする．

(1)　(ⅰ)　3色取り出すとき
　　　　　異なる3つのものを並べる円順列に等しい．　∴　$(3-1)!=2$（通り）
　　(ⅱ)　2色取り出すとき
　　　　　(R×2, W×1), (R×2, B×1), (R×1, W×2), (W×2, B×1)
　　　　　それぞれ円形に並べる方法は　1通り　　∴　$4×1=4$（通り）
　　(ⅲ)　1色取り出すとき
　　　　　R×3のときであるから　　1通り
　　(ⅰ)〜(ⅲ)から，求める方法は　　$2+4+1=7$（通り）

(2)　Bを固定すると，R×4，W×2を並べる順列を考えればよい．　∴　求める方法は　$_6C_2=15$（通り）

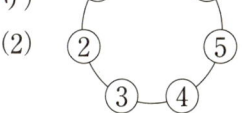

(3)　Bを固定すると，7個の玉を円形に並べる方法は，(2)より15通り．

　　このうち，対称配置のものは以下の3通り．

　　これらは裏返しても同じ順列になるので，題意の条件でも1通り．

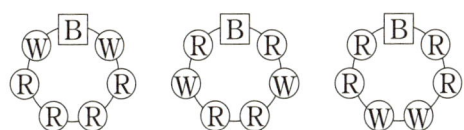

　　残りの12通りの順列は，裏返すと一致するものが他に1つあるので重複数2．　　∴　求める首飾りの総数は　$3+\dfrac{12}{2}=9$（通り）

演習 5-2#

n を自然数，k を 0 以上 n 以下の整数とするとき，

(1) $_nP_k = n \cdot {}_{n-1}P_{k-1}$ を示せ．

(2) $_nP_k = {}_{n-1}P_k + k \cdot {}_{n-1}P_{k-1}$ を示せ．

(3) $_nC_0 + 2{}_nC_1 + 2^2{}_nC_2 + \cdots\cdots + 2^r{}_nC_r + \cdots\cdots + 2^n{}_nC_n$ を計算せよ．

(4) $\displaystyle\sum_{k=1}^{n} k \cdot {}_nC_k$ を求めよ．

● ヒント　(1)(2)　→　具体的に計算，あるいは，「式の意味」から考えよう！

　　　　　(3)　→　二項定理を利用しよう．

　　　　　(4)　→　例題 5-2 の結果 $k{}_nC_k = n{}_{n-1}C_{k-1}$ を利用しよう！

── ▶ 解答 1 ◀ ──

(1) $\displaystyle {}_nP_k = \frac{n!}{(n-k)!} = n \cdot \frac{(n-1)!}{(n-k)!} = n \cdot \frac{(n-1)!}{\{(n-1)-(k-1)\}!} = n \cdot {}_{n-1}P_{k-1}$

(2) (右辺) $\displaystyle = {}_{n-1}P_k + k \cdot {}_{n-1}P_{k-1} = \frac{(n-1)!}{(n-k-1)!} + k \cdot \frac{(n-1)!}{(n-k)!}$

　　　　$\displaystyle = \frac{(n-k)(n-1)! + k(n-1)!}{(n-k)!} = \frac{n(n-1)!}{(n-k)!} = \frac{n!}{(n-k)!} = {}_nP_k$

(3) 二項定理　$(a+b)^n = {}_nC_0 a^n + {}_nC_1 a^{n-1}b + \cdots + {}_nC_{n-1}ab^{n-1} + {}_nC_n b^n$

　　において，$a=1$, $b=2$ とすると，${}_nC_0 + 2{}_nC_1 + 2^2{}_nC_2 + \cdots + 2^n{}_nC_n = 3^n$

(4) $\displaystyle \sum_{k=0}^{n} k{}_nC_k = \sum_{k=1}^{n} k{}_nC_k = \sum_{k=1}^{n} n{}_{n-1}C_{k-1} = n\sum_{k=1}^{n} {}_{n-1}C_{k-1} = n \cdot 2^{n-1}$

── ▶ 解答 2 ◀ ──

(1) n 人から k 人選んで並べることを考えて，

　　(左辺) = 「n 人から k 人選んで並べる場合の数（${}_nC_k$）」

　　(右辺) = 「n 人のうち先頭の 1 人を選んで（n），残り $n-1$ 人から残り

　　　　　　$k-1$ 人を選んで並べる（${}_{n-1}P_{k-1}$）」

(2) n 人から k 人選んで並べることを考えて，

　　(左辺) = 「n 人から k 人選ぶ場合の数（${}_nC_k$）」

　　(右辺) = 「n 人のうち特定の 1 人を除外して，残り $n-1$ 人から残り

　　　　　　$k-1$ 人を選んで並べる（${}_{n-1}P_{k-1}$）」+「n 人のうち特定の 1 人を

　　　　　　確保して，何番目かに置き（k），残り $n-1$ 人から残り $k-1$

　　　　　　人を選んで並べる（${}_{n-1}P_{k-1}$）」

演習 5-3♯

碁石を n 個1列に並べる並べ方のうち，黒石が先頭で白石どうしは隣り合わないような並べ方の総数を a_n とする．ここで，$a_1=1$, $a_2=2$ である．このとき，a_{10} を求めよ． (早稲田大)

● ヒント 「n の変化に伴い，遷移する場合の数 a_n」なので，はじめの1手で場合分けして考えよう！

解答1

黒石をB，白石をWとする．

$n+2$ 個並べるとき，次の2つに場合分けされる．

(ⅰ) 先頭がB，2番目がBのとき，それ以降の並べ方は a_{n+1} 通り．

(ⅱ) 先頭がB，2番目がWのとき，必ず3番目はB，それ以降の並べ方は a_n 通り．

よって，漸化式

$$a_{n+2}=a_{n+1}+a_n \quad \cdots ①$$

が成立する．

これを繰り返し用いると

$a_3=2+1=3$, $a_4=3+2=5$, $a_5=5+3=8$, $a_6=8+5=13$,
$a_7=13+8=21$, $a_8=21+13=34$, $a_9=34+21=55$, $a_{10}=55+34=89$

∴ $a_{10}=89$

解答2

黒石をB，白石をWとする．題意からBが5個以上．

(ⅰ) B5個，W5個のとき

Bの間と末尾の5か所にW5個を入れることを考えて，${}_5C_5$ 通り．

(ⅱ) B6個，W4個のとき

Bの間と末尾の6か所にW4個を入れることを考えて，${}_6C_4$ 通り．

同様に「(ⅵ) B10個，W0個」まで考えて，

$a_{10}={}_5C_5+{}_6C_4+{}_7C_3+{}_8C_2+{}_9C_1+{}_{10}C_0=1+15+35+28+9+1=89$ ∴ $a_{10}=89$

* ①の形の数列をフィボナッチ数列という．

演習 6-1

赤球と白球が合わせて16個入っている袋がある．この袋から1つ球を取り出し，残りからまた1つ取り出す．このとき2個が同じ色である確率が $\frac{1}{2}$ ならば，白球の個数は何個であるか求めよ． (福岡大)

● ヒント　（全場合の数）と（その場合の数）を n で表現して，確率の定義に従って立式しよう！

解答

白球の個数を n 個とする．

16個の中から2個取り出す場合の総数は　$_{16}C_2 = 120$ （通り）

2個が同じ色である取り出し方は

（i）2個とも白　$_nC_2 = \dfrac{n(n-1)}{2}$

（ii）2個とも赤　$_{16-n}C_2 = \dfrac{(16-n)(15-n)}{2}$

よって，確率は

$$\dfrac{_nC_2 + {}_{16-n}C_2}{_{16}C_2} = \dfrac{n(n-1)+(16-n)(15-n)}{16 \cdot 15} = \dfrac{1}{2}.$$

$\Leftrightarrow \quad n^2 - 16n + 60 = 0$

$\Leftrightarrow \quad (n-6)(n-10) = 0$

$\therefore \quad n = 6,\ 10$

$\therefore$ 白球の個数6個または10個．

---

*　問題のもつ対称性より，解答となる赤白の個数の内訳は，赤白交換可能なものになる．

演習 6-2

3個のサイコロを同時に振る．
(1) 3個のうち，いずれか2個のサイコロの目の和が5になる確率を求めよ．
(2) 3個のうち，いずれか2個のサイコロの目の和が10になる確率を求めよ．
(3) どの2個のサイコロの目の和も5の倍数でない確率を求めよ．（首都大）

● ヒント　（その場合の数）を具体的に書き出して考えよう！

──▶ 解答 ◀──

すべての目の出方は $6^3 = 216$ 通り．

(1) 条件を満たす目の組について
$(1,4,2)$, $(1,4,3)$, $(1,4,5)$, $(1,4,6)$,
$(2,3,1)$, $(2,3,4)$, $(2,3,5)$, $(2,3,6)$ は各々 $3!$ 通りある．
$(1,4,1)$, $(1,4,4)$, $(2,3,2)$, $(2,3,3)$ は各々3通りある．
　　よって，全部で場合の数は60通り．
　　∴ 求める確率は $\dfrac{60}{216} = \dfrac{5}{18}$

(2) 条件を満たす目の組について
$(4,6,1)$, $(4,6,2)$, $(4,6,3)$, $(4,6,5)$ は各々 $3!$ 通りある．
$(4,6,4)$, $(4,6,6)$, $(5,5,1)$, $(5,5,2)$,
$(5,5,3)$, $(5,5,4)$, $(5,5,6)$ は各々3通りある．
　　さらに，$(5,5,5)$ は1通りある．
　　よって，全部で場合の数は $6 \cdot 4 + 3 \cdot 7 + 1 = 46$ 通り．
　　∴ 求める確率は $\dfrac{46}{216} = \dfrac{23}{108}$

(3) (1)，(2)で共通する目の組は $(1,4,6)$ で，$3!$ 通りある．
　　よって条件を満たす場合の数は
　　　　$216 - (60 + 46 - 6) = 116$（通り）
　　∴ 求める確率は $\dfrac{116}{216} = \dfrac{29}{54}$

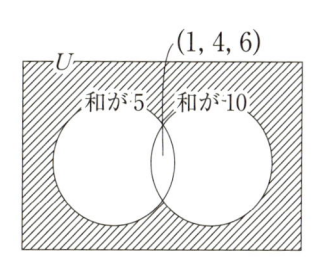

演習 6-3

n 個のサイコロを同時に振り,出た目の最大のものを M,最小のものを m とするとき,$M-m>1$ となる確率を求めよ. （京都大）

ヒント 余事象である「$M-m \leqq 1$」の場合の数を考えよう！

解答

全場合の数は 6^n 通り.

「$M-m>1$」の余事象「$M-m \leqq 1$」の確率を求める.

(i) $M-m=0$ となる場合　6 通り.

(ii) $M-m=1$ となる場合

　　M, m の選び方は,$(M, m)=(6, 5)\cdots(2, 1)$ の 5 通り.

　　2 種類から重複許して n 個並べる場合の数を考えて,2^n 通り.

　　ただし,このうち 1 種類だけになる場合を除く必要があるので,2^n-2 通り.　…①

以上より,「$M-m \leqq 1$」となる確率は,$\dfrac{6+5(2^n-2)}{6^n}$.

∴ 求める確率は,$1-\dfrac{6+5(2^n-2)}{6^n}=\dfrac{6^n-5\cdot 2^n+4}{6^n}$

* 「$M-m>1$」の余事象は「$M-m<1$」ではなく,「$M-m \leqq 1$」であることに注意.
* ①の部分は 例題 3-3 の考え方など参照.

演習 7-1

サイコロを3回投げる．出た目を順に a, b, c とする．
(1) a, b, c を3辺の長さとする正三角形が作れる確率を求めよ．
(2) a, b, c を3辺の長さとする二等辺三角形が作れる確率を求めよ．
(3) a, b, c を3辺の長さとする三角形が作れる確率を求めよ．

(滋賀医科大)

● ヒント (1) 「正三角形」→ $a=b=c$
(2) 「二等辺三角形」→ 3辺のうち少なくとも2辺の長さが等しい
(正三角形も含む)
(3) 「三角形が作れる」→ 三角形の成立条件 $|b-c|<a<b+c$

解答

全場合の数は，$6^3 = 216$ 通り．

(1) 正三角形のときは，$a=b=c$ であるから，6通り．
∴ 求める確率は $\dfrac{6}{216} = \dfrac{1}{36}$

(2) 二等辺三角形となる3辺の組合せは
(1, 1, 1)(2, 2, 1〜3)(3, 3, 1〜5)(4, 4, 1〜6)(5, 5, 1〜6)(6, 6, 1〜6)
正三角形とならないのは，このうち21通り
それぞれについて a, b, c を考えると3通り
∴ $21 \times 3 = 63$
(1)と足し合わせて 69通り
∴ 求める確率は $\dfrac{69}{216} = \dfrac{23}{72}$

(3) 三角形の成立条件を考えて
三辺の長さが異なる三辺の組合せは
(2, 3, 4)(2, 4, 5)(2, 5, 6)(3, 4, 5)(3, 4, 6)(3, 5, 6)(4, 5, 6) の7通り
それぞれについて a, b, c を考えると6通り
∴ $7 \times 6 = 42$
(2)と足し合わせて $42 + 69 = 111$ 通り
∴ 求める確率は $\dfrac{111}{216} = \dfrac{37}{72}$

演習 7-2

サッカー部のA君がシュートをするとき，3回のうち2回の割合で球がゴールに入る．A君が5回連続してシュートをするとき
(1) 球が1回だけゴールに入る確率を求めよ．
(2) 球が3回以上ゴールに入る確率を求めよ．
(3) 球が1度でも連続してゴールに入る確率を求めよ．

（立教大）

● ヒント　反復試行の確率の考え方（「バリエーション」×「特殊な場合の確率」）を用いよう！

― ▶ 解答 ◀ ―

1回のシュートで，球がゴールに入る確率は $\dfrac{2}{3}$，入らない確率は $\dfrac{1}{3}$ である．

(1) 求める確率は $\quad {}_5C_1 \left(\dfrac{2}{3}\right)\left(\dfrac{1}{3}\right)^4 = \dfrac{10}{243}$

(2) 3回，4回，5回ゴールに入る場合があるから

$$ {}_5C_3 \left(\dfrac{2}{3}\right)^3 \left(\dfrac{1}{3}\right)^2 + {}_5C_4 \left(\dfrac{2}{3}\right)^4 \left(\dfrac{1}{3}\right) + \left(\dfrac{2}{3}\right)^5 = \dfrac{80+80+32}{243} = \dfrac{64}{81} $$

(3) ゴールに入ることを○，入らないことを□で表す

余事象である「ゴールが連続しない確率」を考える．○は0～3個であるから，

　　（ⅰ）　0個のとき　　　確率は $\left(\dfrac{1}{3}\right)^5 = \dfrac{1}{243}$

　　（ⅱ）　1個のとき　　　確率は ${}_5C_1 \left(\dfrac{2}{3}\right)\left(\dfrac{1}{3}\right)^4 = \dfrac{10}{243}$

　　（ⅲ）　2個のとき　　　○×2，□×3の並べ方のうち，○が隣り合わない場合を考える．
　　　　　　　　　　　　　確率は ${}_4C_2 \left(\dfrac{2}{3}\right)^2 \left(\dfrac{1}{3}\right)^3 = \dfrac{8}{81}$．

　　（ⅳ）　3個のとき　　　○×3，□×2の並べ方のうち，○が隣り合わない場合を考える．
　　　　　　　　　　　　　確率は $\left(\dfrac{2}{3}\right)^3 \left(\dfrac{1}{3}\right)^2 = \dfrac{8}{243}$．

　　（ⅰ）～（ⅳ）より，ゴールが連続しない確率は，$\dfrac{43}{243}$

　　∴　連続してゴールに入る確率は，$1 - \dfrac{43}{243} = \dfrac{200}{243}$

演習 7-3

先生と 3 人の生徒 A，B，C がいる．箱には最初，赤玉 3 個，白玉 7 個，全部で 10 個の玉が入っている．先生がサイコロをふって，1 の目が出たら A が，2 または 3 の目が出たら B が，その他の目が出たら C が箱から 1 つだけ玉を取り出す操作を行う．取り出した玉は箱に戻さず，取り出した生徒のものとする．この操作を続けて行うとき，以下の問いに答えよ．

(1) 2 回目の操作が終わったとき，A が 2 個の赤玉を手に入れている確率を求めよ．
(2) 2 回目の操作が終わったとき，B が少なくとも 1 個の赤玉を手に入れている確率を求めよ．
(3) 3 回目の操作で，C が赤玉を取り出す確率を求めよ．

（東北大）

● ヒント　確率の乗法定理を用いて，それぞれの場合の確率を求めよう！

▶解答◀

(1) 1 回目，2 回目ともに，A が赤玉を取り出す確率であるから
$$\left(\frac{1}{6}\cdot\frac{3}{10}\right)\times\left(\frac{1}{6}\cdot\frac{2}{9}\right)=\frac{1}{540}$$

(2) （ⅰ）1 回目に B が赤玉を取り出す場合
2 回目は誰がどの玉を取り出してもよいから $\left(\frac{2}{6}\cdot\frac{3}{10}\right)\times 1=\frac{1}{10}$

（ⅱ）1 回目に A，C のどちらかが赤玉を取り出す場合
2 回目に B が赤玉を取り出せばよいから $\left(\frac{4}{6}\cdot\frac{3}{10}\right)\times\left(\frac{2}{6}\cdot\frac{2}{9}\right)=\frac{4}{270}$

（ⅲ）1 回目に A，B，C の誰かが白玉を取り出す場合
2 回目に B が赤玉を取り出せばよいから $\left(1\cdot\frac{7}{10}\right)\times\left(\frac{2}{6}\cdot\frac{3}{9}\right)=\frac{21}{270}$

（ⅰ）〜（ⅲ）より，求める確率は $\dfrac{1}{10}+\dfrac{4}{270}+\dfrac{21}{270}=\dfrac{26}{135}$

(3) （ⅰ）1 回目，2 回目ともに赤玉を取り出す場合
$$\left(1\cdot\frac{3}{10}\right)\times\left(1\cdot\frac{2}{9}\right)\times\left(\frac{3}{6}\cdot\frac{1}{8}\right)=\frac{1}{240}$$

（ⅱ）1 回目，2 回目に赤玉，白玉を 1 個ずつ取り出す場合
$$\left(1\cdot\frac{3}{10}\right)\times\left(1\cdot\frac{7}{9}\right)\times\left(\frac{3}{6}\cdot\frac{2}{8}\right)+\left(1\cdot\frac{7}{10}\right)\times\left(1\cdot\frac{3}{9}\right)\times\left(\frac{3}{6}\cdot\frac{2}{8}\right)=2\times\frac{7}{240}=\frac{14}{240}$$

（ⅲ）1 回目，2 回目ともに白玉を取り出す場合
$$\left(1\cdot\frac{7}{10}\right)\times\left(1\cdot\frac{6}{9}\right)\times\left(\frac{3}{6}\cdot\frac{3}{8}\right)=\frac{21}{240}$$

（ⅰ）〜（ⅲ）より，求める確率は $\dfrac{1}{240}+\dfrac{14}{240}+\dfrac{21}{240}=\dfrac{36}{240}=\dfrac{3}{20}$

演習 8-1

AさんとBさんが次の3つの規則（ア），（イ），（ウ）に従ってゲームを行う．
（ア） 2人がそれぞれ1枚の硬貨を1回投げる．
（イ） 両者で異なる面が出た場合には表を出した人が1点を獲得する．
（ウ） 両者で同じ面が出た場合には両者に得点は入らないとする．

このゲームを5回繰り返し行い，先に2点を獲得した人を勝者とする．5回以内で勝者が決まらなかった場合には引き分けとする．

(1) ちょうど3回目でAさんが勝者となる確率を求めよ．
(2) 5回以内で勝者が決まる確率を求めよ． （慶応義塾大）

● ヒント　得点の変遷に注意して「反復試行の確率」を考えていこう！

― ▶ 解答 ◀ ―

A：「Aが1点を獲得」する確率は　$\left(\dfrac{1}{2}\right)^2 = \dfrac{1}{4}$

B：「Bが1点を獲得」する確率は　$\left(\dfrac{1}{2}\right)^2 = \dfrac{1}{4}$

C：「A，Bの得点が変化しない」確率は　$1-\left(\dfrac{1}{4}+\dfrac{1}{4}\right) = \dfrac{1}{2}$

(1) Aが最初の2回で1点を獲得し，3回目で1点を獲得する場合である．

$\qquad \therefore \quad$ 求める確率は　$_2C_1 \cdot \dfrac{1}{4} \cdot \dfrac{3}{4} \times \dfrac{1}{4} = \dfrac{3}{32}$

(2) 5回以内で勝者が決まらないのは，5回目終了時
(Aの得点, Bの得点)
$= (0,0), (1,0), (0,1), (1,1)$ のいずれか．
それぞれの確率を足し合わせると，

$\left(\dfrac{1}{2}\right)^5 + {}_5C_1\left(\dfrac{1}{4}\right)\left(\dfrac{1}{2}\right)^4 \times 2 + \dfrac{5!}{3!1!1!}\left(\dfrac{1}{4}\right)\left(\dfrac{1}{4}\right)\left(\dfrac{1}{2}\right)^3 = \dfrac{1}{32} + \dfrac{5}{32} + \dfrac{5}{32} = \dfrac{11}{32}$

$\qquad \therefore \quad$ 5回以内で勝者が決まる確率は　$1 - \dfrac{11}{32} = \dfrac{21}{32}$

演習 8-2

30本のくじの中に当たりくじが5本ある．このくじをA，B，Cの3人がこの順に，1本ずつ1回だけ引くとき，次の確率を求めよ．ただし，引いたくじはもとに戻さないものとする．

(1) A，B，Cの3人とも当たる確率．
(2) A，B，Cのうち少なくとも1人が当たる確率．
(3) A，B，Cのうち2人以上が当たる確率．

（鳥取大）

● ヒント　確率の乗法定理を用いて，条件の満たす事象の確率を考えよう！

解答

(1) 3人とも当たる確率は　$\dfrac{5}{30} \times \dfrac{4}{29} \times \dfrac{3}{28} = \dfrac{1}{406}$

(2) 余事象の「3人とも当たりくじを引かない」確率は $\dfrac{25}{30} \times \dfrac{24}{29} \times \dfrac{23}{28} = \dfrac{115}{203}$

∴ 少なくとも1人が当たる確率は　$1 - \dfrac{115}{203} = \dfrac{88}{203}$

(3) A，B，Cのうち，AとBだけが当たる確率は　$\dfrac{5}{30} \times \dfrac{4}{29} \times \dfrac{25}{28}$ …①

同様に，AとCだけが当たる確率，BとCだけが当たる確率はそれぞれ

$$\dfrac{5}{30} \times \dfrac{25}{29} \times \dfrac{4}{28}, \quad \dfrac{25}{30} \times \dfrac{5}{29} \times \dfrac{4}{28}$$

よって，A，B，Cのうち，2人だけが当たる確率は

$\dfrac{5}{30} \times \dfrac{4}{29} \times \dfrac{25}{28} + \dfrac{5}{30} \times \dfrac{25}{29} \times \dfrac{4}{28} + \dfrac{25}{30} \times \dfrac{5}{29} \times \dfrac{4}{28} = 3 \times \dfrac{5 \cdot 4 \cdot 25}{30 \cdot 29 \cdot 28} = \dfrac{25}{406}$ …②

∴ (1)の場合と合わせると，A，B，Cのうち2人以上が当たる確率は

$$\dfrac{1}{406} + \dfrac{25}{406} = \dfrac{13}{203}$$

* 一般に，くじ引き（非復元抽出）で当たる確率は，くじを引く順番に関わらず平等である．
* ②は，「くじ引きの平等性」を考えることで，①を3倍して考えてもよい．

演習 8-3

袋の中に,両面とも赤のカードが2枚,両面とも青,両面とも黄,片面が赤で片面が青,片面が青で片面が黄のカードがそれぞれ1枚ずつの計6枚のカードが入っている.

その中の1枚を無作為に選んで取り出し机の上に置くとき,表が赤の確率は^ア□,両面とも赤の確率は^イ□である.表が赤であることが分かったとき,裏も赤である確率は^ウ□である.最初のカードは袋に戻さずに,もう1枚カードを取り出して机の上に置くことにする.最初のカードの表が赤と分かっているとき,2枚目のカードの表が青である確率は^エ□である.最初のカードの表が赤で,2枚目のカードの表が青であることが分かったとき,最初のカードの裏が赤である確率は^オ□である. （慶応義塾大）

● ヒント　条件付き確率を考えよう！

── ▶ 解答 ◀ ──

（ア）　赤面×5,青面×4,黄面×3 より,赤面である確率は $\dfrac{5}{12}$.

（イ）　両面とも赤の確率は $\dfrac{2}{6} = \dfrac{1}{3}$.

（ウ）　表が赤である事象を A,裏が赤である事象を B とすると,

（ア）（イ）より, $P(A) = \dfrac{5}{12}$, $P(A \cap B) = \dfrac{1}{3}$.

∴ $P_A(B) = \dfrac{P(A \cap B)}{P(A)} = \dfrac{1}{3} \times \dfrac{12}{5} = \dfrac{4}{5}$

（エ）　（ⅰ）1枚目が両面とも赤のとき $\dfrac{1}{3} \times \dfrac{4}{10} = \dfrac{2}{15}$

　　　（ⅱ）1枚目が片面のみ赤のとき $\dfrac{1}{12} \times \dfrac{3}{10} = \dfrac{1}{40}$

（ⅰ）（ⅱ）から,「1枚目の表が赤で,かつ2枚目の表が青」の確率は $\dfrac{2}{15} + \dfrac{1}{40} = \dfrac{19}{120}$.

よって,1枚目の表が赤である事象を A, 2枚目のカードの表が青である事象を C とすると, $P(A \cap C) = \dfrac{19}{120}$.　…①

∴ 求める確率は $P_A(C) = \dfrac{P(A \cap C)}{P(A)} = \dfrac{19}{120} \times \dfrac{12}{5} = \dfrac{19}{50}$

（オ）　①より $P(A \cap C) = \dfrac{19}{120}$.

1枚目の裏が赤である事象を D とすると $P((A \cap C) \cap D) = \dfrac{1}{3} \times \dfrac{4}{10} = \dfrac{2}{15}$.

∴ 求める確率は $P_{A \cap C}(D) = \dfrac{P((A \cap C) \cap D)}{P(A \cap C)} = \dfrac{2}{15} \times \dfrac{120}{19} = \dfrac{16}{19}$

演習 9-1

1から6までの目が等しい確率で出るサイコロを4回投げる試行を考える．
(1) 出る目の最大値が6である確率を求めよ．
(2) 出る目の最小値が1で，かつ最大値が6である確率を求めよ．

（北海道大）

● ヒント　集合を利用して要領よく考えよう！

─▶ 解答 ◀─

(1) 「出る目の最大値が6」⇔「全て6以下」−「全て5以下」
　　A：「全ての目が6以下」
　　B：「全ての目が5以下」
　と事象を設定すると，
　　「最大値が6」は，$A \cap \overline{B}$．
　$A \supset B$ であるから，
　　$\therefore P(A \cap \overline{B}) = P(A) - P(B) = 1^4 - \left(\dfrac{5}{6}\right)^4 = \dfrac{671}{1296}$

(2) C：「全ての目が1〜6」
　　D：「全ての目が1〜5」
　　E：「全ての目が2〜6」
　と事象を設定すると，
　　「最小値が1かつ最大値が6」は，$C \cap (\overline{D \cup E})$．
　$P(C \cap (\overline{D \cup E})) = P(C) - P(D \cup E)$．
　　ここで，$P(D \cup E) = P(D) + P(E) - P(D \cap E)$ であり，
　　$D \cap E$：「全ての目が2〜5」
　であるから，$P(D \cup E) = P(D) + P(E) - P(D \cap E) = \left(\dfrac{5}{6}\right)^4 + \left(\dfrac{5}{6}\right)^4 - \left(\dfrac{4}{6}\right)^4$
　　$\therefore P(C \cap (\overline{D \cup E})) = P(C) - P(D \cup E) = 1^4 - \dfrac{497}{648} = \dfrac{151}{648}$

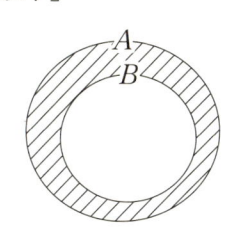

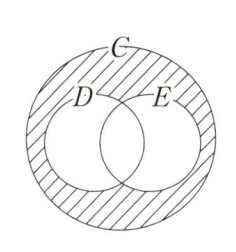

＊　(2)は，直感的に「最小値が1，最大値が6」の確率を1と考えてしまわないように注意．

演習 9-2

サイコロを繰り返し n 回振って，出た目の積を X とする．
(1) X が 3 で割りきれる確率 p_n を求めよ．
(2) X が 6 で割りきれる確率 q_n を求めよ．
(3) X が 4 で割りきれる確率 r_n を求めよ． （京都大）

● ヒント　集合を利用して余事象を考えよう！

── ▶ 解答 ◀ ──

全場合の数は　6^n（通り）

(1) 余事象「3 で割りきれない」確率は
「3, 6 の目が出ない」ときを考えて $\left(\dfrac{4}{6}\right)^n = \left(\dfrac{2}{3}\right)^n$．

∴　求める確率は　$1 - \left(\dfrac{2}{3}\right)^n = \dfrac{3^n - 2^n}{3^n}$

(2) 余事象である「X が 6 の倍数にならない」確率を考える．
　A：「2, 4 の目が出ない」
　B：「3 の目が出ない」
　C：「6 の目が出ない」
X が 6 の倍数にならないのは，$(A \cup B) \cap C$．

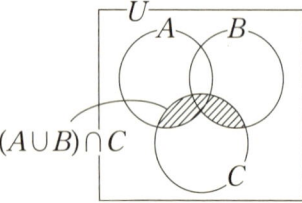

$$P((A \cup B) \cap C) = P(A \cap C) + P(B \cap C) - P(A \cap B \cap C)$$
$$= \dfrac{3^n}{6^n} + \dfrac{4^n}{6^n} - \dfrac{2^n}{6^n} = \dfrac{3^n + 4^n - 2^n}{6^n}$$

∴　求める確率は　$1 - \dfrac{3^n + 4^n - 2^n}{6^n}$

(3) 余事象である「X が 4 の倍数にならない」確率を考える．
　D：「2, 6 の目が出ない」
　E：「2, 6 の目が 1 回だけ出る」
　F：「4 の目が出ない」
X が 4 の倍数にならないのは，$D \cap F$, $E \cap F$．

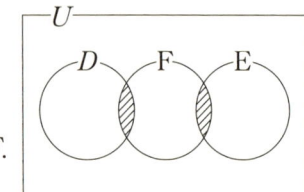

$$P(D \cap F) = \dfrac{3^n}{6^n}, \quad P(E \cap F) = \dfrac{n \cdot 2 \cdot 3^{n-1}}{6^n}$$

∴　求める確率は　$1 - \dfrac{3^n + n \cdot 2 \cdot 3^{n-1}}{6^n}$

演習 9-3

3枚のカードのうち，1枚目のカードは両面とも赤色，2枚目は両面とも白色，残りの1枚は片面が赤色で，その裏は白色である．これら3枚のカードの順序も表裏もデタラメにして，1枚を取り出したら1つの面が赤色であった．その裏が白色である確率を求めよ． (自治医大)

● ヒント　面を全て区別して，同様に確からしい根元事象に分けて考えよう．

▶解答◀

3枚のカードを A, B, C，赤を R，白を W とする．

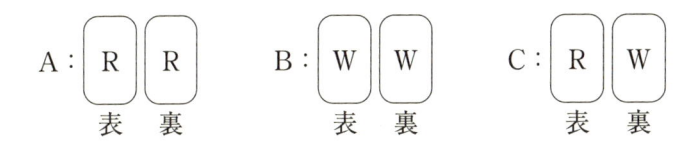

A： [R][R]　　B： [W][W]　　C： [R][W]
　　表　裏　　　　表　裏　　　　表　裏

カードを取り出したとき，
見える面は「A表」「A裏」「B表」「B裏」「C表」「C裏」のいずれかであり，これらは同様に確からしい．

取り出したカードの見えている面がRのとき，
それは上の「A表」「A裏」「C表」のいずれかである．（3通り）
　このうち裏がWであるのは「C表」だけである．（1通り）

よって　求める確率は　$\dfrac{1}{3}$．

＊　「1枚取り出したとき，見えている面がRならば，それはAかCのいずれか．（2通り）
　そのうち裏がWであるのはC．（1通り）　よって，求める確率は$\dfrac{1}{2}$」
と考えないように注意する．

演習 10-1

サイコロを20個同時に投げたとき，ちょうど n 個のサイコロの目が1となる確率を p_n とする．

p_n が最大となるときの n の値を求めよ． （早稲田大）

● ヒント　確率の最大・最小の問題は $\dfrac{p_{n+1}}{p_n}$ と1との大小を調べて考えよう．

▶解答◀

1の目が出るサイコロの個数が n である確率を p_n とすると

$$p_n = {}_{20}C_n \left(\frac{1}{6}\right)^n \left(\frac{5}{6}\right)^{20-n} = \frac{20!}{n!(20-n)!} \times \frac{5^{20-n}}{6^{20}} \quad (n=0, 1, 2, \cdots\cdots, 20)$$

$$\therefore \quad \frac{p_{n+1}}{p_n} = \frac{n!(20-n)!}{(n+1)!(19-n)!} \times \frac{5^{19-n}}{5^{20-n}} = \frac{20-n}{5(n+1)}$$

$\dfrac{p_{n+1}}{p_n} > 1$ とすると　　$20-n > 5(n+1)$

$\therefore \quad n < \dfrac{15}{6} = 2.5$

n は自然数であるから　　$n \leq 2$

よって，$n \leq 2$ のとき　$p_n < p_{n+1}$

$\quad\quad\quad n \geq 3$ のとき　$p_n > p_{n+1}$

$\therefore \quad p_0 < p_1 < p_2 < p_3 > p_4 > p_5 > \cdots\cdots > p_{20}$

この不等式から，p_n が最大となる n の値は　$n=3$．

＊　本問も **例題 10-1** ▶解答2◀ と同様に，$p_{k+1} - p_k$ と0との大小を考えてもよい．

演習 10-2

n 本のロープがあり，2つ折りにしてロープの端をそろえてある．ロープの端をでたらめに2つずつ選んで結んでいき，1度結んだ端を2度選ばずに n 個の結び目を作る．n 本のロープがすべてつながって1つの輪ができる確率を $P(n)$ とする．
(1) $P(3)$ を求めよ．　(2) $P(4)$ を求めよ．　(3) $\dfrac{P(n+1)}{P(n)}$ を求めよ．

● ヒント　絵を描いて状況の変化を考えて，乗法定理を用いて確率を計算しよう！

― ▶ 解答 ◀ ―

(1) 右図で，②を選ぶとすると，
3本で1つの輪になるようにするためには，②と結ぶ相手は③〜⑥．これらを選ぶ確率は $\dfrac{4}{5}$.

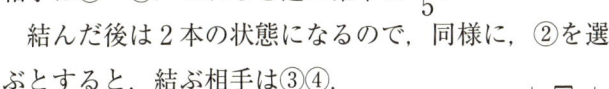

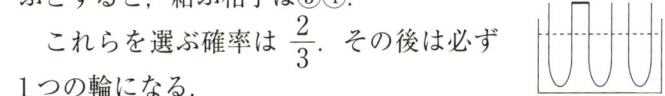

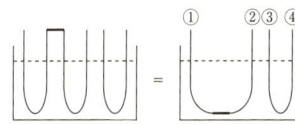

　　結んだ後は2本の状態になるので，同様に，②を選ぶとすると，結ぶ相手は③④．

　　これらを選ぶ確率は $\dfrac{2}{3}$．その後は必ず1つの輪になる．

$$\therefore\ P(3)=\frac{4}{5}\cdot\frac{2}{3}=\frac{8}{15}$$

(2) 右図で，②を
②と結ぶ相手は③〜⑧．これらを選ぶ確率は $\dfrac{6}{7}$.

　　結んだ後は3本の状態になるので，この後の確率は $P(3)$.

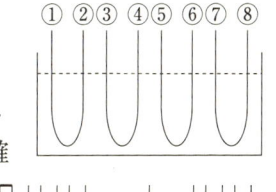

$$\therefore\ P(4)=\frac{6}{7}\times P(3)=\frac{16}{35}$$

(3) $2(n+1)$ 個の端から，②を選ぶとすると，題意をみたすように結ぶ相手は，①以外の端であるから，確率は $\dfrac{2n}{2n+1}$.

　　結んだ後は n 本の状態になるので，この後の確率は $P(n)$.

$$\therefore\ P(n+1)=\frac{2n}{2n+1}P(n)$$

よって $\dfrac{P(n+1)}{P(n)}=\dfrac{2n}{2n+1}$

演習 10-3#

四角形 ABCD を底面とする四角錐 OABCD を考える．点 P は時刻 0 では頂点 O にあり，1 秒ごとに次の規則に従ってこの四角錐の 5 つの頂点のいずれかに移動する．

規則：点 P のあった頂点と 1 つの辺によって結ばれる頂点の 1 つに，等しい確率で移動する．

このとき，n 秒後に点 P が頂点 O にある確率を求めよ． (京都大)

● ヒント　状態の遷移をダイヤグラムで表現して，漸化式を立式しよう．

— ▶ 解答 ◀ —

n 秒後に点 P が頂点 O にある確率を p_n とする．

$n+1$ 秒後に点 P が頂点 O にあるのは，n 秒後に点 P が O 以外の頂点にあり，次に O に移動する場合である．

よって，右図のダイヤグラムが描ける．

ダイヤグラムより，

$$p_{n+1} = \frac{1}{3}(1-p_n)$$

$$p_{n+1} = \frac{1}{3}(1-p_n)$$
$$\iff p_{n+1} = -\frac{1}{3}p_n + \frac{1}{3}$$
$$\iff p_{n+1} - \frac{1}{4} = -\frac{1}{3}\left(p_n - \frac{1}{4}\right) \quad \cdots ①$$

ここで，$q_n = p_n - \frac{1}{4}$ として，

① $\iff q_{n+1} = -\frac{1}{3}q_n$　また　$q_1 = 0 - \frac{1}{4} = -\frac{1}{4}$

$\{q_n\}$ は初項 $-\frac{1}{4}$ 公比 $-\frac{1}{3}$ の等比数列なので，$q_n = -\frac{1}{4}\left(-\frac{1}{3}\right)^{n-1} = p_n - \frac{1}{4}$

∴ $p_n = \frac{1}{4}\left\{1 - \left(-\frac{1}{3}\right)^{n-1}\right\}$

発展演習 1

ある囲碁大会で，5つの地区から男女が各1人ずつ選抜されて，男性5人と女性5人のそれぞれが異性を相手とする対戦を1回行う．その対戦組み合わせを無作為な方法で決めるとき，同じ地区同士の対戦が含まれない組み合わせの場合の数を求めよ． (早稲田大)

● ヒント　樹形図を描いて，効率よく書き出そう！

▶解答◀

同じ地区の (男, 女) を (A, a), (B, b), (C, c), (D, d), (E, e) とする．
条件に適する対戦のうち，A と b が対戦するのは

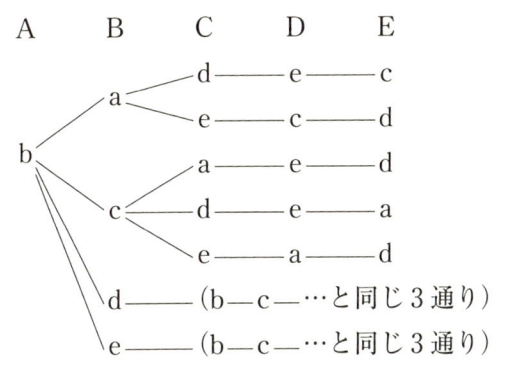

```
A    B    C    D    E
         ┌d────e────c
     ┌a─┤
     │   └e────c────d
     │        ┌a────e────d
  b──┼c──────┼d────e────a
     │        └e────a────d
     ├d────(b─c─…と同じ3通り)
     └e────(b─c─…と同じ3通り)
```

よって上図から　$2+3\times 3=11$（通り）
A と c, A と d, A と e が対戦するときも同様に考えて
　　$11\times 4=44$（通り）

＊　問題文のような順列を「完全順列（攪乱順列）」という．
　一般に n 個の要素からなる完全順列 a_n は，
$$a_{n+2}=(n+1)(a_{n+1}+a_n)$$
が成り立つ．

発展演習 2

次の条件を満たす正の整数全体の集合を S とおく．
「各桁の数字は互いに異なり，どの2つの桁の数字の和も9にならない．」
ただし，S の要素は10進法で表す．また，1桁の正の整数は S に含まれるとする．
(1) S の要素でちょうど4桁のものは何個あるか．
(2) 小さい方から数えて2000番目の S の要素を求めよ． （東京大）

● ヒント　和が9となる組を先に考えてから，順列を計算しよう！

― ▶ 解答 ◀ ―

2つの数字の和が9になるのは $\{0,9\}$, $\{1,8\}$, $\{2,7\}$, $\{3,6\}$, $\{4,5\}$ の5組．異なる組から数字を取り出して並べていくことを考える．

(1) 千の位，百の位，十の位，一の位の数字の選び方を順に考えて，
$9 \cdot 8 \cdot 6 \cdot 4 = 1728$ （個）

(2) 1桁のものは9個．2桁のものは $9 \cdot 8 = 72$ （個），3桁のものは $9 \cdot 8 \cdot 6 = 432$ （個） ∴ 3桁以下のものは $9 + 72 + 432 = 513$ （個）

　1□□□ は $8 \cdot 6 \cdot 4 = 192$ （個）．

　同様に 2□□□ ～ 7□□□ の個数は $192 \cdot 6 = 1152$ （個）

　∴ 7□□□ の最大数までの個数は $513 + 192 + 1152 = 1857$ （個）

　80□□ ～ 80□□ の個数は $6 \cdot 4 = 24$ （個）

　同様に 82□□ ～ 85□□ の個数は $24 \cdot 4 = 96$ （個）

　∴ 85□□ の最大数までの個数は $1857 + 24 + 96 = 1977$ （個）

　860□ ～ 860□ の個数は 4 （個）

　同様に 862□ ～ 867□ の個数は $4 \cdot 4 = 16$ （個）

　∴ 8679 までの個数は $1977 + 4 + 16 = 1997$ （個）

　1997番目の 8679 に続くのは，8692, 8694, 8695　よって，2000番目は　**8695**

---

* (2)は，4ケタ最大数 9876 が 2241 番目であることから，2241 番目からさかのぼって考えていってもよい．

発展演習 3

赤玉2個,青玉2個,白玉3個の合わせて7個の玉を横1列に並べる.
(1) 赤玉どうしが隣り合う並べ方は何通りか.
(2) 赤玉どうしが隣り合い,青玉どうしも隣り合う並べ方は何通りか.
(3) 赤玉どうし,青玉どうしがそれぞれ隣り合い,白玉どうしは隣り合わない並べ方は何通りか.
(4) 白玉どうしが隣り合わない並べ方は何通りか.
(5) 赤玉どうしが隣り合い,白玉どうしが隣り合わない並べ方は何通りか.
(6) 同じ色の玉が隣り合わない並べ方は何通りか.　　　　　　　　　　　(上智大)

● ヒント　「グルーピング」「後入れ」と,問題の誘導を利用しよう!

--▶ 解答 ◀--

赤玉をR,青玉をB,白玉をWとする.

(1) 隣り合う赤玉2個をまとめて $\boxed{RR}$ で表す.
　　$\boxed{RR}\times 1$, $B\times 2$, $W\times 3$ の順列を考えて,　$\dfrac{6!}{2!3!} = 60$(通り)

(2) 隣り合う青玉2個をまとめて $\boxed{BB}$ で表す.
　　$\boxed{RR}\times 1$, $\boxed{BB}\times 1$, $W\times 3$ の順列を考えて,　$\dfrac{5!}{3!} = 20$(通り)

(3) 題意の場合は(2)で定めた $\boxed{RR}$ と $\boxed{BB}$ の両端と間の3か所に1つずつWを入れる場合である.
　　これは $\boxed{RR}$ と $\boxed{BB}$ の並び方で決まるから　2通り.　　　∨ ∨ ∨
　　　　　　　　　　　　　　　　　　　　　　　　　　　　　　　　　　　$\boxed{RR}$ $\boxed{BB}$

(4) $R\times 2$, $B\times 2$ の順列は　$\dfrac{4!}{2!2!} = 6$(通り)
　　どの3つの∨にWを入れるかを考えて,　${}_5C_3 = 10$(通り)
　　∴　求める並べ方は　$6\times 10 = 60$(通り)　　　　　　　　∨ ∨ ∨ ∨ ∨
　　　　　　　　　　　　　　　　　　　　　　　　　　　　　　　Ⓡ Ⓑ Ⓑ Ⓡ

(5) $\boxed{RR}\times 1$, $B\times 2$ の並べ方は　$\dfrac{3!}{2!} = 3$(通り)
　　どの3つの∨にWを入れるかを考えて,　${}_4C_3 = 4$(通り)
　　∴　求める並べ方は　$3\times 4 = 12$(通り)　　　　　　　　∨ ∨ ∨ ∨
　　　　　　　　　　　　　　　　　　　　　　　　　　　　　　　Ⓑ $\boxed{RR}$ Ⓑ

(6) 同じ色の玉が隣り合わないのは,「白玉どうしが隣り合わない場合」のうち,「赤玉どうしまたは青玉どうしが隣り合う場合」を除いた場合.
　　赤玉と青玉の対等性を考慮して,求める並べ方は
「(4)の並べ方」$-(2\times$「(5)の並べ方」$-$「(3)の並べ方」$)=60-(2\cdot 12-2)=38$(通り)

発展演習 4

n を正の整数とし，n 個のボールを3つの箱に分ける．ただし，ボールが入らない箱があってもよい．

(1) 1からnまで異なる番号のついたn個のボールを，A，B，Cと区別された3つの箱に入れる場合，その入れ方は全部で何通りあるか．

(2) 互いに区別のつかないn個のボールを，A，B，Cと区別された3つの箱に入れる場合，その入れ方は全部で何通りあるか．

(3) 1からnまで異なる番号のついたn個のボールを，区別のつかない3つの箱に入れる場合，その入れ方は全部で何通りあるか．（東京大）

● ヒント　(1) 重複順列を考えよう！　(2) 重複組合せを考えよう！
(3) 空箱の個数に注意して，(1)から区別を外す（重複数で割る）ことを考えよう！

─▶ 解答 ◀─

(1) 3^n 通り

(2) A，B，Cにそれぞれ x 個，y 個，z 個入れるとすると $x+y+z=n$

∴ 求める場合の数は　${}_3H_n = {}_{n+2}C_n = \dfrac{1}{2}(n+2)(n+1)$ （通り）

(3) (ⅰ) 2つの箱が空のとき，重複数は3なので，$\dfrac{3}{3}=1$ 通り

(ⅱ) 1つの箱が空のとき，重複数は3!なので，$\dfrac{2^n-2}{2}$ 通り

(ⅲ) 空の箱がないとき，重複数は3!なので，$\dfrac{3^n-3(2^n-2)-3}{3!}$ 通り

(ⅰ)〜(ⅲ)より，$1+\dfrac{2^n-2}{2}+\dfrac{3^n-3(2^n-2)-3}{3!}=\dfrac{3^{n-1}+1}{2}$ （通り）

(注) 原題では
「(4) n が6の倍数 $6m$ であるとき，n 個の互いに区別のつかないボールを，区別のつかない3つの箱に入れる場合，その入れ方は全部で何通りあるか」
が続く．（答は $\dfrac{n^2}{12}+\dfrac{n}{2}+1$ 通り）

発展演習 5#

先頭車両から順に1からnまでの番号のついたn両編成の列車がある．ただし$n≧2$とする．各車両を赤色，青色，黄色のいずれか1色で塗るとき，隣り合った車両の少なくとも一方が赤色となるような色の塗り方は何通りか． （京都大）

● ヒント 状態の遷移を，絵を描いて考えよう！

――▶ 解答 ◀――

求める塗り方の総数を a_n，
赤色を Ⓡ，青色を Ⓑ，黄色を Ⓨ とする．
$n=2$ のとき塗り方は右の5通り 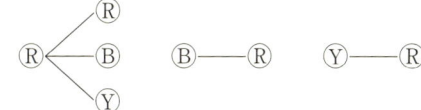
よって　$a_2=5$
$n=3$ のとき塗り方は右の11通り
よって　$a_3=11$ 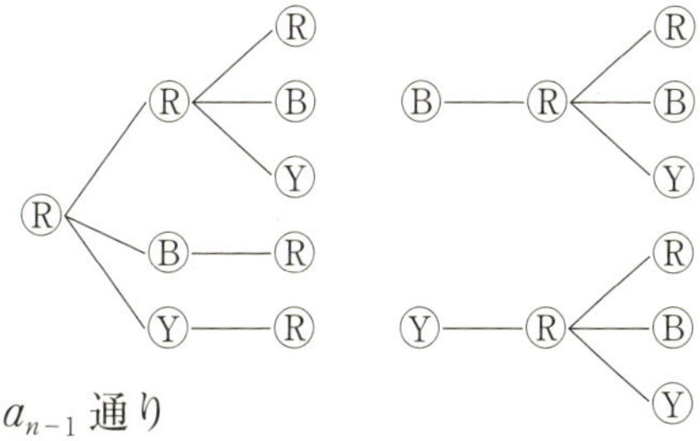
$n≧4$ のとき，（ⅰ），（ⅱ）の場合に分かれる．

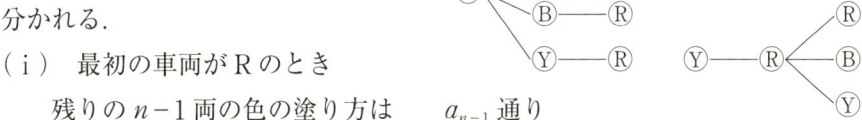

（ⅰ）　最初の車両がRのとき
　　残りの$n-1$両の色の塗り方は　　a_{n-1} 通り
（ⅱ）　最初の車両がBまたはYのとき
　　2両目は必ずRになるので，残りの$n-2$両の塗り方は a_{n-2} 通り．
　　B，Yの2通りを考えて，全部で　$2a_n$ 通り
（ⅰ），（ⅱ）より，$a_n=a_{n-1}+2a_{n-2}$　$(n≧4)$
　　∴　$a_{n+2}=a_{n+1}+2a_n$　$(n≧2)$　…①

① ⇔ $a_{n+2}+a_{n+1}=2(a_{n+1}+a_n)$
$b_n=a_{n+1}+a_n$ とすると，$b_{n+1}=2b_n$　$(b_2=a_3+a_2=16)$
　　∴　$b_n=2^{n-2}\cdot 16=a_{n+1}+a_n$　…②

① ⇔ $a_{n+2}-2a_{n+1}=-(a_{n+1}-2a_n)$
$c_n=a_{n+1}-2a_n$ とすると，$c_{n+1}=-c_n$　$(c_2=a_3-2a_2=1)$
　　∴　$c_n=(-1)^{n-2}\cdot 1=a_{n+1}-2a_n$　…③
よって，$a_n=\dfrac{1}{3}\{2^{n+2}-(-1)^{n-2}\}$

発展演習 6

3人でじゃんけんをする．一度じゃんけんで負けたものは，以後のじゃんけんから抜ける．残りが1人になるまでじゃんけんを繰り返し，最後に残ったものを勝者とする．ただし，あいこの場合も1回のじゃんけんを行ったと数える．

(1) 2回目のじゃんけんで勝者が決まる確率を求めよ．

(2) $n \geq 4$ とする．n 回目のじゃんけんで勝者が決まる確率を求めよ．

(東北大)

● ヒント　人数の変遷に注意して考えよう！

── ▶ 解答 ◀ ──

(1) 1回のじゃんけんで，

「3人→3人」となることをA，「3人→2人」となることをB，「3人→1人」となることをC，「2人→2人」となることをD，「2人→1人」となることをEとする．

それぞれの確率を計算すると，$p_A : \dfrac{1}{3}$, $p_B : \dfrac{1}{3}$, $p_C : \dfrac{1}{3}$, $p_D : \dfrac{1}{3}$, $p_E : \dfrac{2}{3}$.

2回目で勝者が決まるのは，

(i) A→C　確率は $\dfrac{1}{3} \times \dfrac{1}{3} = \dfrac{1}{9}$　　(ii) B→E　確率は $\dfrac{1}{3} \times \dfrac{2}{3} = \dfrac{2}{9}$

(i)(ii)より，求める確率は　$\dfrac{1}{9} + \dfrac{2}{9} = \dfrac{1}{3}$

(2) n 回目で勝者が決まるのは，次の n 通り．

⟨1⟩　　A → A → A → ⋯ → A → A → A → C
⟨2⟩　　A → A → A → ⋯ → A → A → B → E
⟨3⟩　　A → A → A → ⋯ → A → B → D → E
　　：
⟨n−1⟩　A → B → D → ⋯ → D → D → D → E
⟨n⟩　　B → D → D → ⋯ → D → D → D → E

$p_A = p_B = p_C = p_D$ であることに注意すると，⟨2⟩～⟨n⟩の確率は等しい．

∴　求める確率は

「⟨1⟩の確率」+「⟨2⟩の確率」$\times (n-1) = \left(\dfrac{1}{3}\right)^n + \left(\dfrac{1}{3}\right)^{n-1} \cdot \dfrac{2}{3} \times (n-1)$

$= \dfrac{2n-1}{3^n}$

発展演習 7

スイッチを1回押すごとに，赤，青，黄，白のいずれかの色の玉が1個，等確率 $\frac{1}{4}$ で出てくる機械がある．2つの箱LとRを用意する．次の3種類の操作を考える．

(A) 1回スイッチを押し，出てきた玉をLに入れる．

(B) 1回スイッチを押し，出てきた玉をRに入れる．

(C) 1回スイッチを押し，出てきた玉と同じ色の玉が，Lになければその玉をLに入れ，Lにあればその玉をRに入れる．

(1) LとRは空であるとする．操作(A)を5回行い，さらに操作(B)を5回行う．このときLにもRにも4色すべての玉が入っている確率 P_1 を求めよ．

(2) LとRは空であるとする．操作(C)を10回行う．このときLにもRにも4色すべての玉が入っている確率を P_2 とする．$\frac{P_2}{P_1}$ を求めよ．

(東京大)

● ヒント　乗法定理を用いて考えよう！

→ 解答 ←

全場合の数は $4^5 = 1024$ 通り．5回で4色揃う場合の数は 240 通り．

よって，1人が5回行って4色揃う確率は，$\dfrac{240}{1024} = \dfrac{15}{64}$ …①

(1) 求める確率は①より，$P_1 = \left(\dfrac{15}{64}\right)^2 = \dfrac{225}{4096}$

(2) 10回のとき全場合の数は 4^{10} 通り

次の(ⅰ)，(ⅱ)のいずれか．

(ⅰ) ある色が4回出て他の色が2回ずつ出る．

この確率は ${}_4C_1 \times \dfrac{10!}{4!2!2!2!}$

(ⅱ) ある2色が3回ずつ出て他の色が2回ずつ出る．

この確率は ${}_4C_2 \times \dfrac{10!}{3!3!2!2!}$

よって $P_2 = \left({}_4C_1 \times \dfrac{10!}{4!2!2!2!} + {}_4C_2 \times \dfrac{10!}{3!3!2!2!}\right) / 4^{10} = \dfrac{10!}{16}\left(\dfrac{1}{4}\right)^{10}$

∴ $\dfrac{P_2}{P_1} = \dfrac{10!}{16}\left(\dfrac{1}{4}\right)^{10} \div \dfrac{225}{4096} = \dfrac{63}{16}$

発展演習 8

コンピュータの画面に，記号○と×のいずれかを表示させる操作を繰り返し行う．このとき，各操作で，直前の記号と同じ記号を続けて表示する確率は，それまでの経過に関係なく，p であるとする．

最初に，コンピュータの画面に記号×が表示された．操作を繰り返し行い，記号×が最初のものも含めて3個出るよりも前に，記号○が n 個出る確率を P_n とする．ただし，記号○が n 個出た段階で操作は終了する．

(1) P_2 を p で表せ．　　(2) $n \geq 3$ のとき，P_n を p と n で表せ．（東京大）

● ヒント　題意をみたす状態を場合分けをして考えよう！

── ▶ 解答 ◀ ──

(1) 記号×が3個出るよりも前に，記号○が2個出る場合は，
次の(i)，(ii)，(iii)のいずれか．　…①
　　(i)　×○○　　　　この確率は　$(1-p)p$
　　(ii)　×○×○　　　この確率は　$(1-p)^3$
　　(iii)　××○○　　　この確率は　$p \cdot (1-p) \cdot p = (1-p)p^2$
∴　求める確率は　$P_2 = (1-p)p + (1-p)^3 + (1-p)p^2 = (1-p)(2p^2 - p + 1)$

(2) 記号×が3個出るよりも前に，記号○が n 個出る場合は，
次の(i)，(ii)，(iii)のいずれか．　…②
　　(i)　×○○…○　　　　　　　この確率は　$(1-p)p^{n-1}$
　　(ii)　××○○…○　　　　　　この確率は　$p \cdot (1-p) \cdot p^{n-1} = (1-p)p^n$
　　(iii)　×○○…○×○…○
直前の記号と同じ表示は $n-2$ 回，直前の記号と同じ表示は3回行われる．
また，2個目の×の位置は，$n-1$ 通りありうる．　…③
よって，この確率は　$(n-1) \times p^{n-2}(1-p)^3$
∴　求める確率は　$P_n = (1-p)p^{n-1} + (1-p)p^n + (n-1)p^{n-2}(1-p)^3$
$= (1-p)p^{n-2}\{np^2 - (2n-3)p + n-1\}$

* ①②はそれぞれ互いに排反に場合分けしていることに注意．

* ③は　〈特別な場合の確率〉×〈バリエーション〉　を行っている．

発展演習 9

n 枚の 100 円玉と $n+1$ 枚の 500 円玉を同時に投げたとき，表の出た 100 円玉の枚数より表の出た 500 円玉の枚数の方が多い確率を求めよ．

（京都大）

● ヒント　まず，500 円玉 1 枚を除外して，残り 100 円玉 n 枚，500 円玉 n 枚を考えよう！

――▶解答◀――

500 円玉のうち，特定の 1 枚を A とする．

A を除いたとき，100 円玉，500 円玉は共に n 枚．

500 円玉の表の枚数を X，100 円玉の表の枚数を Y とする．

（ⅰ）　A が表の場合

　　題意の条件は，$X \geq Y$ であればよい．その確率を $P(X \geq Y)$ とする．

（ⅱ）　A が裏の場合

　　題意の条件は，$X > Y$ であればよい．その確率を $P(X > Y)$ とする．

求める確率は，（ⅰ）と（ⅱ）を足しあわせたものであるから，

$$\frac{1}{2} \times P(X \geq Y) + \frac{1}{2} \times P(X > Y)$$

ここで，$P(X \geq Y) = 1 - P(X < Y)$ であり，

また，対等性から $P(X < Y) = P(X > Y)$ であることより，

$$\frac{1}{2} \times P(X \geq Y) + \frac{1}{2} \times P(X > Y) = \frac{1}{2}\{1 - P(X < Y)\} + \frac{1}{2}P(X > Y) = \frac{1}{2}$$

∴　求める確率は $\frac{1}{2}$．

＊　直感的に「100 円玉，500 円玉同数のときこそ，題意の確率が $\frac{1}{2}$ となりそう」と思う人もいるかもしれないが，表の枚数が同じときがあるので，この場合 $\frac{1}{2}$ にはならない．（$\frac{1}{2}$ より小さくなる）

発展演習 10#

(1) サイコロを $n(n \geq 3)$ 回ふって出た目の数字を1列に並べる．隣り合う2数がすべて異なる確率 a_n を求めよ．

(2) サイコロを $n(n \geq 3)$ 回ふって出た目の数字を円周上に並べる．隣り合う2数がすべて異なる確率を b_n とする．(1)の確率 a_n を b_n と b_{n-1} を用いて表せ．また b_n を n の式で表せ． (お茶の水女子大)

● ヒント　状態の遷移をダイヤグラムで表して，漸化式を立式しよう．

── ▶解答 ◀ ──

全場合の数は 6^n 通り

(1) 隣り合う2数がすべて異なる場合の数 A_n は，
$$A_n = 6 \times 5 \times 5 \cdots = 6 \cdot 5^{n-1} \text{ 通り．} \quad \therefore \quad a_n = \frac{6 \times 5^{n-1}}{6^n} = \left(\frac{5}{6}\right)^{n-1}$$

(2) 円周上に並べて，隣り合う2数がすべて異なる場合の数を B_n とする．

A_n のうち，両端の数が異なる場合の数は，B_n と等しい．

A_n のうち，両端の数が等しいものは，最初と最後の数をつなげて1つと見なせば，B_{n-1} と等しい．　$\therefore \quad A_n = B_n + B_{n-1}$

両辺を 6^n で割って，$\dfrac{A_n}{6^n} = \dfrac{B_n}{6^n} + \dfrac{B_{n-1}}{6 \cdot 6^{n-1}} \Leftrightarrow a_n = b_n + \dfrac{1}{6} b_{n-1}$

$$b_n = -\frac{1}{6} b_{n-1} + \left(\frac{5}{6}\right)^{n-1} \quad \therefore \quad b_{n+1} = -\frac{1}{6} b_n + \left(\frac{5}{6}\right)^n \quad \cdots ①$$

両辺を $\left(\dfrac{5}{6}\right)^{n+1}$ で割って，① $\Leftrightarrow \left(\dfrac{6}{5}\right)^{n+1} b_{n+1} = -\dfrac{1}{5}\left(\dfrac{6}{5}\right)^n b_n + \dfrac{5}{6} \quad \cdots ②$

$c_n = \left(\dfrac{6}{5}\right)^n b_n$ とおくと，② $\Leftrightarrow c_{n+1} = -\dfrac{1}{5} c_n + \dfrac{6}{5} \Leftrightarrow c_{n+1} - 1 = -\dfrac{1}{5}(c_n - 1)$

$d_n = c_n - 1$ とおくと，数列 $\{d_n\}$ は公比 $-\dfrac{1}{5}$ の等比数列．

$$\therefore \quad d_n = d_2 \left(-\frac{1}{5}\right)^{n-2}$$

$B_2 = 6 \cdot 5 = 30$ より $b_2 = \dfrac{5}{6}$．$c_2 = \dfrac{6}{5} \quad \therefore \quad d_2 = c_2 - 1 = \dfrac{1}{5}$

$$\therefore \quad d_n = \frac{1}{5}\left(-\frac{1}{5}\right)^{n-2} = c_n - 1 \Leftrightarrow c_n = 1 - \left(-\frac{1}{5}\right)^{n-1} = \left(\frac{6}{5}\right)^n b_n$$

$$\therefore \quad b_n = \left(\frac{5}{6}\right)^n c_n = \left(\frac{5}{6}\right)^n \left\{1 - \left(-\frac{1}{5}\right)^{n-1}\right\} = \left(\frac{5}{6}\right)^n + 5\left(-\frac{1}{6}\right)^n$$